配电网工程标准施工工艺图册

配电站房

国家电网有限公司设备管理部　组编

中国电力出版社
CHINA ELECTRIC POWER PRESS

内 容 提 要

国家电网有限公司设备管理部以《国家电网公司配电网工程典型设计》为核心依据，编写了《配电网工程标准施工工艺图册》丛书，包括《配电站房》《配电台区及低压线路》《10kV 电缆》《10kV 架空线路》四个分册。丛书对配电网工程施工的关键节点进行了详细描述，并针对近年常见的典型质量问题，明确了标准工艺要点。

本书是《配电站房》分册，共两部分，主要内容包括开关站/环网室/配电室、环网箱/预装式变电站。

本丛书可供配电网工程建设、施工、设计、监理单位技术人员和管理人员岗前培训学习，还可指导配电网工程设计、施工、质量检查、竣工验收等各个环节。

图书在版编目（CIP）数据

配电网工程标准施工工艺图册. 配电站房 / 国家电网有限公司设备管理部组编. —北京：中国电力出版社，2023.12（2024.1 重印）

ISBN 978-7-5198-8476-5

Ⅰ. ①配…　Ⅱ. ①国…　Ⅲ. ①配电站–配电线路–工程施工–图集　Ⅳ. ①TM726-64

中国国家版本馆 CIP 数据核字（2023）第 240614 号

出版发行：中国电力出版社
地　　址：北京市东城区北京站西街 19 号（邮政编码 100005）
网　　址：http://www.cepp.sgcc.com.cn
责任编辑：肖　敏（010-63412363）　刘子婷
责任校对：黄　蓓　马　宁
装帧设计：张俊霞
责任印制：石　雷

印　　刷：三河市万龙印装有限公司
版　　次：2023 年 12 月第一版
印　　次：2024 年 1 月北京第二次印刷
开　　本：787 毫米×1092 毫米　16 开本
印　　张：8.75
字　　数：146 千字
印　　数：6001—14000 册
定　　价：60.00 元

《配电网工程标准施工工艺图册》

编　委　会

《配 电 站 房》

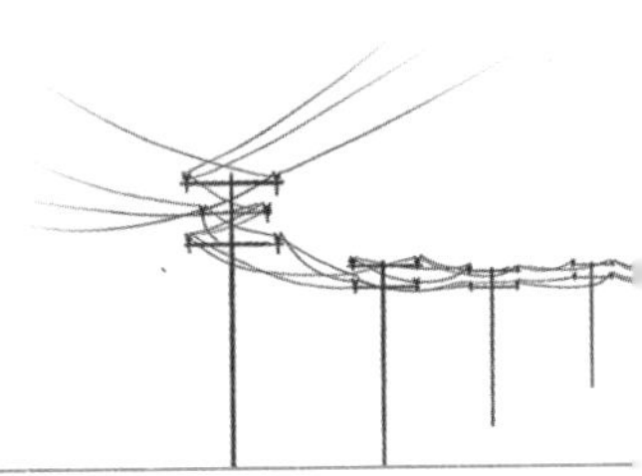

前言

配电网是服务经济社会发展、服务民生的重要基础设施，是供电服务的“最后一公里”，是全面建成具有中国特色国际领先的能源互联网企业的重要基础。随着我国经济社会的不断发展，人民的生活水平日益提高，对配电网供电可靠性和供电质量的要求越来越高。近年来，国家逐步加大配电网建设改造的投入力度，配电网建设改造任务越来越重。

经过 20 多年的城、农网建设和改造，各网省公司总结制定了相应的工艺标准，但因其具有点多面广、地域差别大、参建人员水平参差不齐等特点，配电网工程建设质量和工艺标准不统一，还需进一步规范。

国家电网有限公司设备管理部以《国家电网公司配电网工程典型设计》为核心依据，结合配电网建设与改造实际，编写了《配电网工程标准施工工艺图册》丛书，包括《配电站房》《配电台区及低压线路》《10kV 电缆》《10kV 架空线路》四个分册。丛书大量采用图片，辅以必要的文字说明，对配电网工程施工的关键节点进行了详细描述，并针对近年常见的典型质量问题，明确了标准工艺要点。

本书是《配电站房》分册，共两部分，主要内容包括开关站/环网室/配电室、环网箱/预装式变电站。

本丛书图文并茂、清晰易懂，是配电网工程建设的工艺指导书，可供配电网工程建设、施工、设计、监理单位技术人员和管理人员岗前培训学习，还可指导配电网工程设计、施工、质量检查、竣工验收等各个环节。

本丛书的编写得到了国网山东省电力公司、国网浙江省电力有限公司、国网四川省电力公司、国网宁夏电力有限公司的大力支持和帮助，是推行标准化建设的又一重要成果。希望本丛书的出版和应用，能够进一步提升配电网工程建设质量和水平，为建设现代化配电网奠定坚实基础。

由于编者水平及时间有限，书中难免存在错误和遗漏之处，敬请各位读者予以批评指正！

编　者

2023 年 12 月

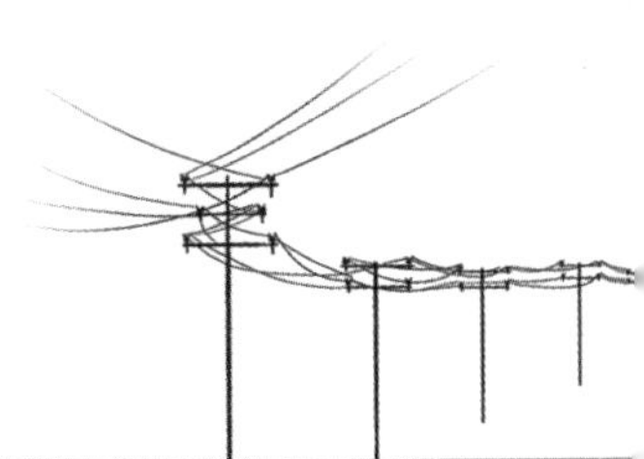

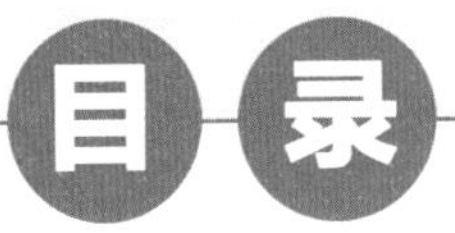
目录

第二部分 环网箱/预装式变电站

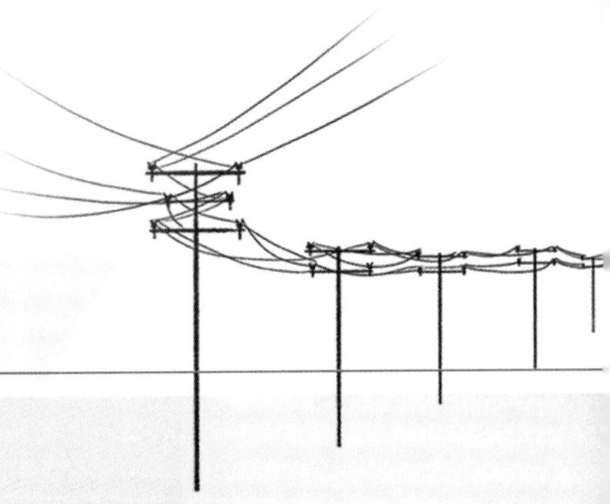

第一部分

开关站/环网室/配电室

本部分以独立体框架结构形式的开关站/环网室/配电室（电缆沟方案）为例，主要介绍了开关站/环网室/配电室的基础施工、主体结构施工、屋面施工、防雷接地施工、建筑雨水排水及建筑电气施工、装饰装修施工、土建附属及其他施工、电气设备安装、附属设施工程、标识安装的工艺及相关标准。

1 基 础 施 工

1.1 基础定位放线

高程引测→控制桩测设→平面位置定位。

（1）高程引测（见图 1－1）。高程控制桩精度应符合三等水准的精度要求。

图 1－1 高程引测图

（2）控制桩测设（见图 1－2）。根据建（构）筑物的主轴线设控制桩，桩深度应超过冰冻土层，各建（构）筑物不应少于 4 个。

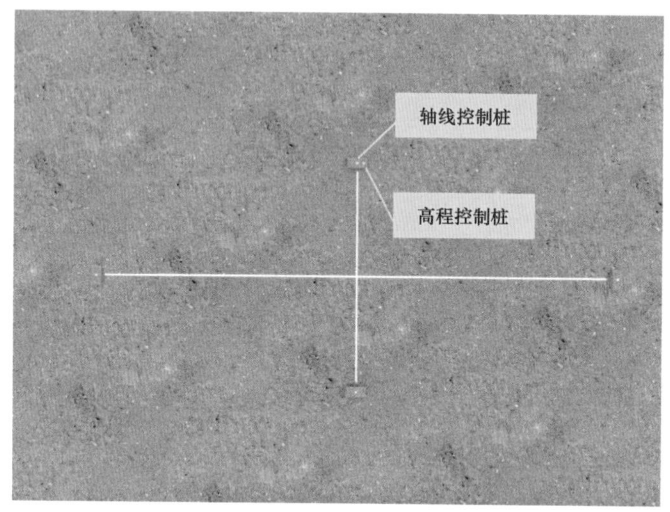

图 1－2 控制桩测设效果图

（3）平面位置定位（见图 1－3）。平面控制桩精度应符合二级导线的精度要求。

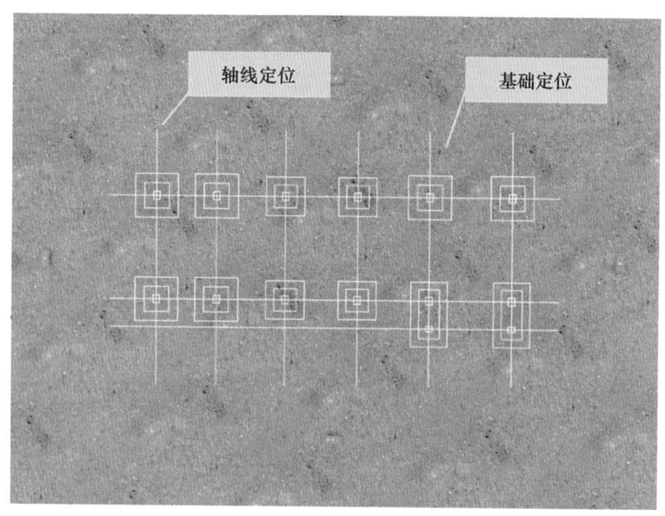

图 1－3 平面位置定位图

1.2 基坑开挖

确定坑（槽）开挖界限→分层开挖→修整槽边→清底。

（1）确定坑（槽）开挖界限（见图 1－4）。开挖基坑（槽）时，应合理确定开挖顺序、路线及开挖深度，遵循“开槽支撑、先撑后挖、分层开挖、严禁超挖”的原则，边坡、表面坡度应符合设计要求和现行国家及行业有关标准的规定。

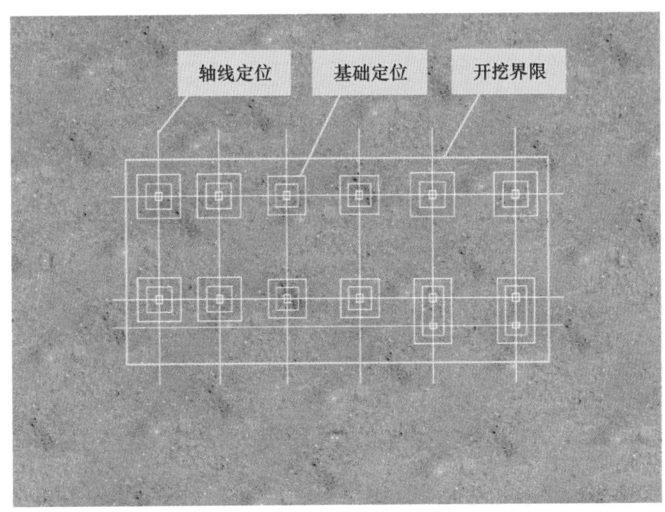

图 1－4 坑（槽）开挖界限图

（2）分层开挖（见图 1－5）。土方开挖宜从上到下分层分段依次进行，做成一定坡势，利于泄水。基坑不得挖至设计标高以下，如不能准确地挖至设计基底标高时，可在设计标高以上暂留一层土不挖，以便在抄平后，由人工挖出。槽底应为无扰动的原状土。

暂留土层：一般铲运机、推土机挖土时，为 200mm 左右；挖土机用反铲、正铲和拉铲挖土时，为 300mm 左右。

(a) 基坑机械作业

(b) 基坑人工作业

图 1－5 分层开挖图

（3）修整槽边（见图 1-6）。坑（槽）开挖后，应对坑（槽）边进行修整，基坑、基槽长度和宽度的偏差应控制在 0～100mm。

图 1-6　修整槽边图

（4）清底（见图 1-7）。验槽合格后，应先清除基坑内杂物，确保垫层下的地基稳定且已夯实、平整，基底表面平整度应控制在 20mm 以内并立即浇筑垫层。

图 1-7　清底效果图

1.3　基础垫层施工

清理基层→找标高、放线→模板安装→混凝土浇筑→养护。

（1）找标高、放线（见图 1－8）。依据定位控制线将主控制轴线用经纬仪投至基坑，并放出垫层外边线；根据测量水平标高控制线，向下量出垫层面标高，在钢筋桩上标出控制标高线。

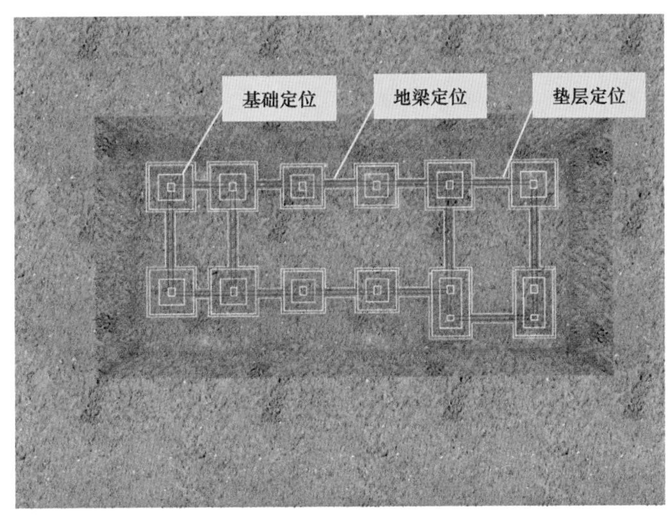

图 1－8　找标高、放线图

（2）模板安装（见图 1－9）。模板安装必须稳固牢靠，接缝严密，不得漏浆。模板与混凝土的接触面必须清理干净并涂刷脱模剂。浇筑混凝土前，模板内的积水和杂物应清理干净。

图 1－9　模板安装效果图

（3）混凝土浇筑（见图 1－10）。混凝土垫层宜采用 C15 混凝土浇筑。混凝土垫层浇捣应密实、上表面平整，厚度应符合设计要求。

图 1－10 垫层浇筑效果图

（4）养护（见图 1－11）。混凝土养护应由专人负责，做好成品的保护工作，防止污染和磕碰，养护时间不得少于 7 日，对掺用缓凝剂型外加剂或有抗渗要求的混凝土，养护时间不得少于 14 日。夏季应采用覆盖、洒水等保温措施；当室外日平均气温连续 5 日稳定低于 5℃时，应按冬期施工相关要求进行养护；当日最低温度低于 5℃时，可能已处在冬期施工期间，为了防止可能产生的冰冻情况而影响混凝土质量，不应采用洒水养护。冬期施工期间混凝土垫层浇筑完毕后应加强养护，采用覆盖、搭暖棚等保温保湿措施，禁止洒水。

（a）非冬季覆膜、洒水养护

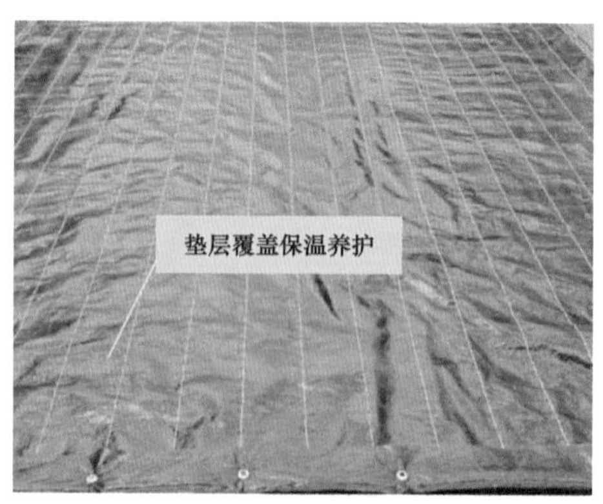

（b）冬季覆盖保温养护

图 1－11 垫层混凝土养护图

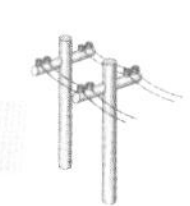

1.4　基础钢筋施工

钢筋加工→底板钢筋安装→柱钢筋安装→基础梁钢筋安装。

（1）钢筋加工。钢筋应平直、无损伤，表面不得有裂纹、油污、颗粒状或片状老锈。若钢筋存在锈蚀情况，可采用喷射或抛射除锈、手工和动力除锈、火焰除锈。施工前将钢筋加工下料表与设计图复核，检查下料表是否有误或遗漏，每种钢筋要按下料表检查是否达到要求。再按下料表放样，试制合格后，方可成批制作。

（2）底板钢筋安装（见图 1－12）。

1）根据弹出的钢筋位置线，结合施工图纸及相关规范要求进行钢筋安装并设置保护层垫块。

2）长、宽允许偏差±10mm，钢筋间距允许偏差±20mm。

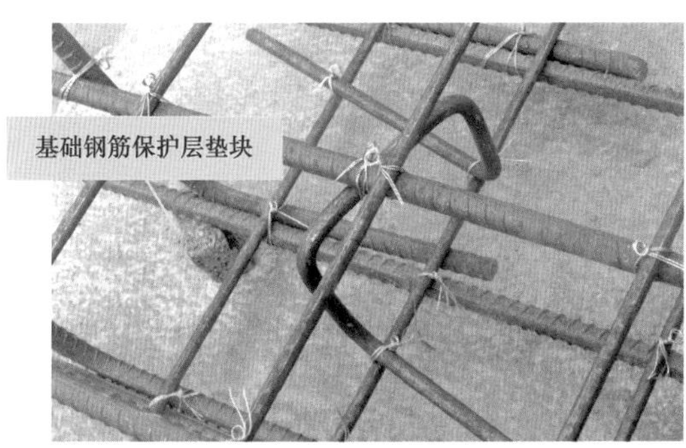

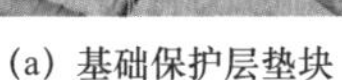
(a) 基础保护层垫块

(b) 基础底板钢筋安装

图 1－12　底板钢筋安装效果图

（3）柱钢筋安装（见图 1－13）。

1）根据弹出的钢筋位置线，结合施工图纸及相关规范要求进行钢筋安装并设置保护层垫块。

2）排距允许偏差±5mm，绑扎箍筋、横向钢筋间距允许偏差±20mm。

（4）基础梁钢筋安装（见图 1－14）。

1）根据弹出的钢筋位置线，结合施工图纸及相关要求进行钢筋安装并设置保护层垫块。

2）绑扎钢筋骨架：长允许偏差±10mm，宽、高允许偏差±5mm。

3）纵向受力钢筋：锚固长度允许偏差－20mm，间隔允许偏差±10mm，排距允许偏差±5mm。

(a) 柱钢筋保护层垫块

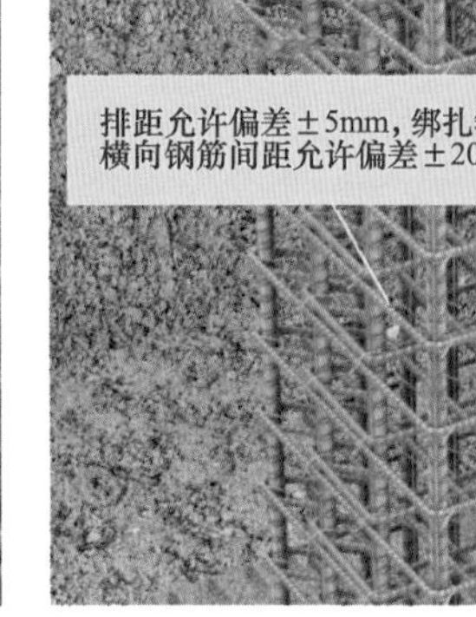

(b) 柱钢筋安装

图 1–13　柱钢筋安装效果图

4）绑扎箍筋、横向钢筋间距：绑扎箍筋、横向钢筋间距允许偏差±20mm。

基础底板、短柱、基础梁钢筋安装应满足《混凝土结构施工图平面整体表示方法制图规则和构造详图》G101 系列图集要求。

图 1–14　基础梁钢筋安装效果图

1.5　基础模板施工

模板加工→模板安装→模板拆除。

（1）模板加工。结合模板施工图和配料单制作模板（半成品），并刷脱模剂。

（2）模板安装。

1）模板安装时保证模板大面平整，棱线平顺垂直，尺寸位置准确，支撑稳定。在浇

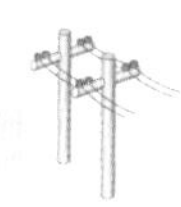

筑过程中不跑模、不变形。

2）模板安装时轻起轻放，防止碰撞变形。浇筑混凝土时，要有专人看模，若发现位移、鼓胀、下沉、漏浆等现象，应及时采取有效措施予以纠正处理。

3）模板安装的允许误差：轴线位移≤5mm，平面外形尺寸偏差±10mm，标高偏差－5～0mm，垂直偏差≤10mm。基础、地梁模板安装效果图如图1－15所示。

图1－15 基础、地梁模板安装效果图

（3）模板拆除。模板拆除时应以同条件养护试件的试验结果为依据，拆模顺序为“后支先拆，先支后拆，先拆非承重模板，后拆承重模板”。基础、地梁侧模在混凝土强度能保证其表面及棱角不因拆除模板而受损坏后，方可拆除。基础、地梁成型效果图如图1－16所示。

图1－16 基础、地梁成型效果图

1.6 基础混凝土施工

清理杂物→模板湿润→混凝土浇筑与振捣→养护。

（1）清理杂物。浇筑前应将模板内的垃圾、泥土等杂物及钢筋上的油污清除干净，并检查钢筋的水泥砂浆垫块是否垫好。

（2）模板湿润。如使用木模板时，混凝土浇筑前应浇水使模板湿润。

（3）混凝土浇筑与振捣。基础混凝土浇筑图如图 1－17 所示。

1）混凝土自吊斗口下落的自由倾落高度不得超过 2m，浇筑高度如超过 3m 时必须采取措施，可用串桶或溜管等。

2）浇筑混凝土时应分段分层连续进行，浇筑层高度应根据结构特点、钢筋疏密决定，一般为振捣器作用部分长度的 1.25 倍，最大不超过 500mm。

3）使用插入式振捣器应快插慢拔，插点要均匀排列，逐点移动，顺序进行，不得遗漏，做到均匀振实，移动间距不大于振捣作用半径的 1.5 倍（一般为 300～400mm），振捣上一层时应插入下层 50mm，以消除两层间的接缝；捣固时间宜控制在 20～30s，以混凝土表面呈水平并出现均匀的水泥浆和不再冒气泡为止，不显著下沉，即可停止振捣。

4）混凝土表面色泽一致，无明显修补痕迹；混凝土表面每平方米气泡面积不大于 20cm^2，气泡最大直径不大于 5mm，深度不大于 2mm，气泡应呈分散状态。

图 1－17　基础混凝土浇筑图

5）变压器等设备基础的外露部分阳角应设置圆弧倒角（见图 1-18），顶面倒角宜采用专用工具原浆压光。

图 1－18　设备基础阳角圆弧倒角

（4）养护（见图 1－19）。基础混凝土养护工艺详见 1.3 基础垫层施工。

图 1－19　基础混凝土覆膜洒水养护图

1.7　基坑回填施工

基坑底地坪上清理→分层铺土碾压密实→修整找平。

（1）基坑底地坪上清理。基坑回填前应将基土上的洞穴或基底表面上的树根、垃圾等杂物都处理完毕，清除干净。

（2）分层铺土碾压密实。

1）回填土应分层铺摊（见图 1-20），每层铺土的厚度及压实遍数应根据土质、压实系数及所用机具确定，并应满足设计要求。

2）如分层铺土碾压密实无试验依据，应符合如表 1－1 所示规定。基坑分层夯实图如图 1－21 所示。

图 1－20 基坑分层回填图

表 1－1 填土施工时的铺土厚度及压实遍数

压实机具	每层铺土厚度（mm）	每层压实遍数（遍）
平碾	250～300	6～8
振动压实机	250～350	3～4
柴油打夯机	200～250	3～4
人工打夯	＜200	3～4

图 1－21 基坑分层夯实图

（3）修整找平（见图1－22）。填方全部完成后，表面应进行拉线找平，凡超过设计高程的地方，应及时依线铲平；凡低于设计高程的地方，应补土找平夯实。

图1－22　基坑回填效果图

2　主体结构施工

2.1　主体钢筋施工

钢筋加工→柱钢筋安装→梁钢筋安装→板钢筋安装。

（1）钢筋加工。钢筋应平直、无损伤，表面不得有裂纹、油污、颗粒状或片状老锈。若钢筋存在锈蚀情况，可采用喷射或抛射除锈、手工和动力除锈、火焰除锈。施工前将钢筋加工下料表与设计图复核，检查下料表是否有误或遗漏，每种钢筋要按下料表检查是否达到要求。再按下料表放样，试制合格后，方可成批制作。

（2）柱钢筋安装（见图1－23）。

1）根据弹出的钢筋位置线，结合施工图纸及相关规范要求进行钢筋安装、设置保护层垫块。

2）排距允许偏差±5mm，绑扎箍筋、横向钢筋间距允许偏差±20mm。

(a) 钢筋除锈

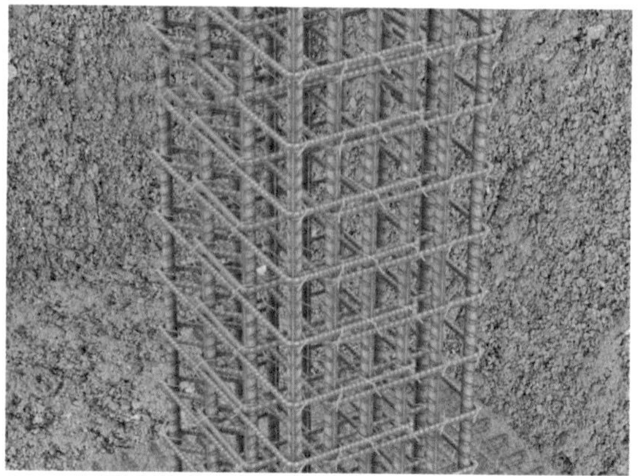
(b) 柱钢筋安装

图 1-23 柱钢筋安装效果图

（3）梁钢筋安装（见图 1-24）。

1）根据弹出的钢筋位置线，结合施工图纸及相关要求进行钢筋安装并设置保护层垫块。

2）绑扎钢筋骨架：长允许偏差±10mm，宽、高允许偏差±5mm。

3）纵向受力钢筋：锚固长度允许偏差-20mm，间隔允许偏差±10mm，排距允许偏差±5mm。

4）绑扎箍筋、横向钢筋间距：绑扎箍筋、横向钢筋间距允许偏差±20mm。

图 1-24 梁钢筋安装效果图

（4）板钢筋安装（见图 1-25）。

1）根据弹出的钢筋位置线，结合施工图纸及相关规范要求进行钢筋安装并设置保护

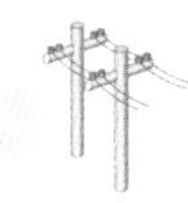

层垫块。

2）长、宽允许偏差±10mm，钢筋间距允许偏差±20mm。

主体结构柱、梁、板钢筋安装应满足《混凝土结构施工图平面整体表示方法制图规则和构造详图》G101 系列图集要求。

图 1－25　板钢筋安装效果图

2.2　主体模板施工

模板加工→模板安装→模板拆除。

（1）模板加工。结合模板施工图设计配料单，然后结合配料单制作模板（半成品），并刷脱模剂。

（2）模板安装。

1）支模中严禁轴线位移，为保证模板的几何尺寸，应确保模板的水平度和垂直度。模板支好后经挂线校正直，用线锥校正位置及垂直保证截面尺寸。柱模板安装校正图如图 1－26 所示。

2）模板安装的允许误差：两块模板之间拼接面的高低差不大于 2mm，截面内部尺寸为－5～＋4mm；表面平整度不大于 5mm；相邻板高低差不大于 2mm；相邻板缝隙不大于 3mm。主体模板安装效果图如图 1－27 所示。

图 1-26 柱模板安装校正图

图 1-27 主体模板安装效果图

（3）模板拆除。

1）模板拆除时应遵循“后支先拆，先支后拆，先拆非承重模板，后拆承重模板”的原则。

2）模板拆除时应以同条件养护试件的试验结果为依据，梁板、底模板的拆除，应满足如下条件：

a. 跨梁不大于 8m，混凝土强度达到 75%；

b. 跨梁大于 8m，混凝土强度达到 100%；

c. 板不大于 2m，混凝土强度达到 50%；

d. 板不小于 2m 且不大于 8m，混凝土强度达到 75%；

e. 板不小于 8m，混凝土强度达到 100%；

f. 悬臂，混凝土强度达到 100%。

2.3 主体混凝土施工

清理杂物→模板湿润→混凝土浇筑与振捣→养护。

（1）清理杂物。浇筑前应将模板内的垃圾、泥土等杂物及钢筋上的油污清除干净，并检查钢筋的水泥砂浆垫块是否垫好。混凝土应搅拌均匀，强度等级应满足设计要求。

（2）模板湿润（见图 1－28）。如使用木模板时，混凝土浇筑前应浇水使模板湿润。

图 1－28 模板浇水湿润图

（3）混凝土浇筑与振捣。主体混凝土浇筑图如图 1－29 所示。

1）混凝土自吊斗口下落的自由倾落高度不得超过 2m，浇筑高度如超过 3m 时必须采取措施，可用串桶或溜管等。

2）浇筑混凝土时应分段分层连续进行，浇筑层高度应根据结构特点、钢筋疏密决定，一般为振捣器作用部分长度的 1.25 倍，最大不超过 500mm。

3）使用插入式振捣器应快插慢拔，插点要均匀排列，逐点移动，顺序进行，不得遗漏，做到均匀振实，移动间距不大于振捣作用半径的 1.5 倍（一般为 300～400mm），振捣上一层时应插入下层 50mm，以消除两层间的接缝；捣固时间宜控制在 20～30s，以混

图1－29　主体混凝土浇筑图

凝土表面呈水平并出现均匀的水泥浆和不再冒气泡为止，不显著下沉，即可停止振捣；表面振动器（或称平板振动器）的移动间距，应保证振动器的平板覆盖已振实部分的边缘。

4）浇筑混凝土应连续进行。

5）混凝土墙体浇筑完毕之后，按标高线将墙上表面混凝土找平；清水混凝土表面色泽一致，无明显修补痕迹；混凝土表面每平方米气泡面积不大于 20cm^2，气泡最大直径不大于 5mm，深度不大于 2mm，气泡应呈分散状态。

（4）养护（见图 1－30）。基础混凝土养护工艺详见 1.3 基础垫层施工。

图1－30　主体混凝土浇水覆膜养护图

2.4　砌筑施工

施工放线→基层清理→墙体拉结钢筋→立皮数杆、排砖→墙体砌筑。

（1）施工放线（见图 1－31）。放出轴线，墙身控制线和门洞、窗洞、预留洞的位置线。在施工放线完成后，应经验收合格后方能进行墙体施工。

图 1－31　砌筑（填充墙）施工放线图

（2）基层清理。基层清理彻底，保持足够的湿润程度，应符合规范及施工要求。砖或砌块应提前 1～2 日浇水湿润，湿润程度以达到水浸润砖体深度 15mm 为宜，含水率为 5%～10%。不宜在砌筑时临时浇水，严禁干砖上墙，严禁在砌筑后向墙体浇水。蒸压加气混凝土砌块因含水率大于 35%，只能在砌筑时洒水湿润，砌体浇水湿润图如图 1－32 所示。

图 1－32　砌体浇水湿润图

（3）墙体拉结钢筋。

1）墙体每间隔高度≤500mm，应在灰缝中加设拉结钢筋，拉结筋数量按 120mm 墙厚放一根圆ϕ6 的钢筋，埋入长度从墙的留搓处算起，两边均不应小于 500mm，末端应有 90° 弯钩。墙体植筋方式埋设拉结筋图如图 1－33 所示。

图 1－33　墙体植筋方式埋设拉结筋图

2）圈梁、构造柱的插筋宜优先预埋在结构混凝土构件中，预留长度符合设计要求，若无预留条件，可采用后植筋方式，植筋抗拉拔试验强度应满足设计要求。构造柱施工时按要求应留设马牙槎，马牙槎宜先退后进，进退尺寸不小于 60mm，高度不宜超过 300mm。填充墙构造柱、马牙槎效果图如图 1－34 所示。

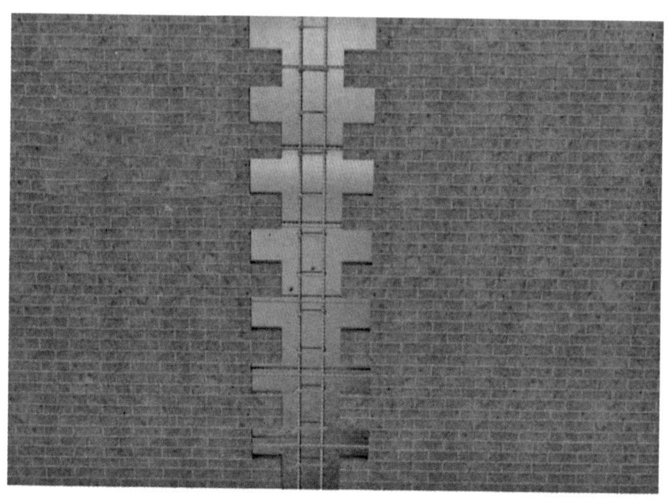

图 1－34　填充墙构造柱、马牙槎效果图

（4）立皮数杆、排砖。在皮数杆上框柱、墙上排出砌块的皮数及灰缝厚度，并标出门、窗、洞及墙梁等构造标高。根据要砌筑的墙体长度和高度试排砖，摆出门、窗及洞口的位置。

（5）墙体砌筑。

1）填充墙砌体的灰缝厚度和宽度应正确。空心砖、轻骨料混凝土、小型空心砌块的砌体灰缝应为 8～12mm，蒸压加气混凝土砌块砌体的水平灰缝厚度，竖向灰缝宽度分别为 15mm 和 20mm。

2）墙体上有预埋、预留的构造，应随砌随留随复核，确保位置正确构造合理，不得在已砌筑好的墙体中打洞；墙体砌筑中，不得搁置脚手架。墙体预留孔洞图如图 1－35 所示。

图 1－35　墙体预留孔洞图

3）填充墙砌至接近梁、板底时，应留一定空隙，待填充墙砌完并应至少间隔 14 日后，再将其补砌挤紧。填充墙后塞口砌筑效果图如图 1－36 所示。

4）填充墙砌筑允许偏差。填充墙砌筑效果图如图 1－37 所示。

垂直度：墙高≤3m 时应≤5mm，墙高＞3m 时应≤10mm；

表面平整度：≤8mm；

门窗洞口高度、宽度偏差：±10mm；

上、下窗口偏移：≤20mm。

图 1-36　填充墙后塞口砌筑效果图

图 1-37　填充墙砌筑效果图

3　屋　面　施　工

3.1　屋面防水施工

基层清理→找平、管根固定→防水层施工→淋水/蓄水试验。

（1）基层清理（见图 1-38）。将验收合格的基层表面清理干净，基层表面应坚实干燥，无起砂、开裂、空鼓等现象。

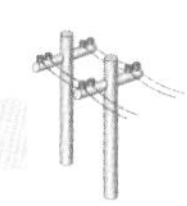

图 1–38 屋面防水基层清理

（2）找平、管根固定。穿结构的管根应在施工前用细石混凝土塞堵密实，且应按照施工大样图施工。管根处理效果图如图 1 – 39 所示。

图 1–39 管根处理效果图

（3）防水层施工（见图 1 – 40）。卷材的材质、厚度和层数等应符合设计要求；铺贴卷材应采用与卷材配套的黏接剂或采用热熔法施工；多层铺设时接缝应错开，搭接部位应满粘牢固，卷材长边搭接长度不小于 100mm，短边搭接长度不小于 150mm；采用两层以上防水时，严禁垂直粘贴，末端收头用密封膏嵌填严密；泛水、雨水口、排气管、出屋顶埋管等细部泛水封闭严密；卷材末端收头处用密封膏嵌填严密。

屋面坡度小于 3%时，卷材宜平行屋脊铺贴；屋面坡度在 3%～15%时，卷材可平行或垂直屋脊铺贴；屋面坡度大于 15%或屋面受震动时，沥青防水卷材应垂直屋脊铺贴，高聚物改性沥青防水卷材和合成高分子防水卷材可平行或垂直屋脊铺贴。

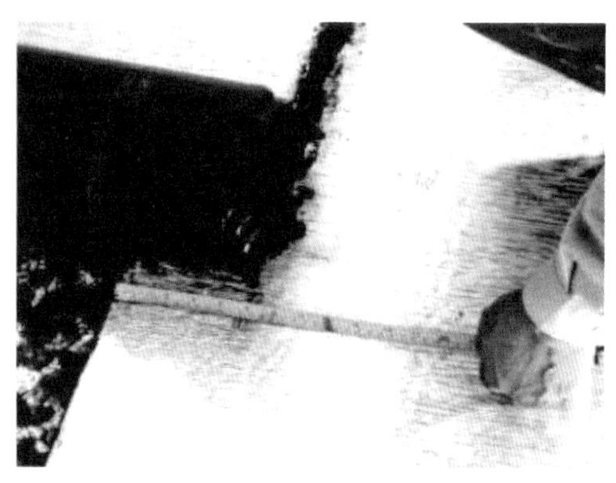
(a) 屋面防水卷材搭接

(b) 屋面防水卷材效果图

图 1-40　屋面防水施工图

（4）淋水/蓄水试验。

淋水试验：坡屋面防水层施工完毕后，应进行观感质量检查和雨水或淋水试验，以不得有渗漏和积水为合格。

蓄水试验：平屋面防水层施工施工完毕后，将所有雨水口堵住灌水。水面应高出屋面最高点 20mm，24h 后进行观察，以不得有渗漏和积水为合格。

3.2　屋面保温层施工

保温层铺设→保护层施工。

（1）保温层铺设（见图 1-41）。屋面保温层宜选用挤塑式聚苯乙烯隔热保温板（简称 XPS 保温板），保温层厚度应满足设计要求，并用 30mm 厚 C20 细石混凝土找坡抹平。

图 1-41　屋面保温层施工图

（2）保护层施工。按设计要求做好屋面保护层，并嵌填分格缝。屋脊处应设置一道纵向分格缝，分格缝纵横间距不宜大于 6m。屋面保护层效果图如图 1－42 所示。

图 1－42 屋面保护层效果图

4 防雷接地施工

4.1 主接地网施工

开挖接地沟→垂直接地体安装→主接地网敷设、焊接→连接部位防腐。

（1）开挖接地沟（见图 1－43）。接地沟开挖深度应符合设计规定，当设计无规定时，开挖深度≥800mm，开挖宽度≥400mm。

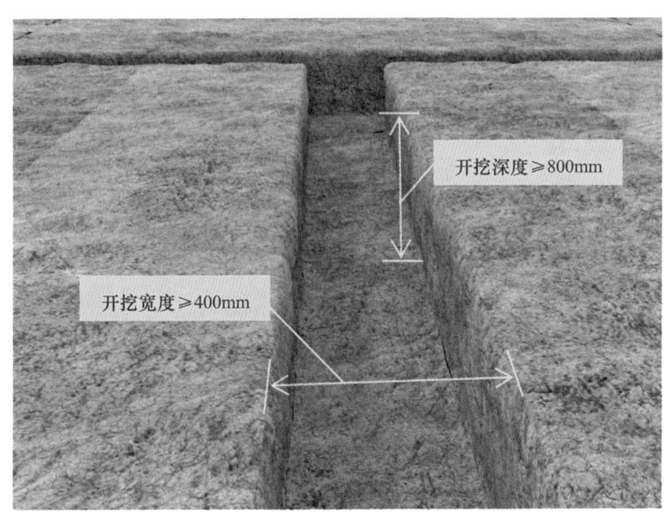

图 1－43 接地沟开挖效果图

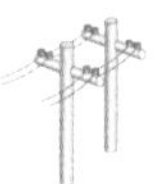

（2）垂直接地体安装。垂直接地体采用∠50mm×5mm 镀锌角钢制成，长度为 2.5m。垂直接地体间距不宜小于其长度的 2 倍，顶面埋深不应小于 800mm。主接地网施工效果图如图 1－44 所示。

图 1－44 主接地网施工效果图

（3） 水平接地敷设、焊接（见图 1－45）。水平接地采用－50mm×5mm 镀锌扁钢，接地体的连接宜采用焊接，焊接必须牢固、无虚焊。采用焊接时搭接长度应满足扁钢搭接为其宽度的 2 倍，三面施焊。

图 1－45 水平接地体交叉位置搭接焊接

（4）连接部位防腐（见图 1-46）。主接地网焊接位置两侧 100mm 范围内及锌层破损处应防腐处理。

图 1-46　接地网防腐施工

4.2　室内接地施工

接地装置安装→接地网安装。

（1）接地装置安装。

1）接地线穿过墙壁、楼板和地坪处应加套管、钢管或其他坚固的保护套。有化学腐蚀的部位还应采取防腐措施。

2）建筑物接地应和主接地网进行有效连接。暗敷在建筑物抹灰层内的引下线应有卡钉分段固定，并设与主网相连的检修接地端子。检修接地端子数量应符合设计要求。

（2）接地网安装。

1）明敷接地引下线及室内接地干线的支持件间距应均匀，水平直线部分 0.5～1.5m，垂直直线部分 1.5～3m；弯曲部分 300～500mm。室内接地干线效果图如图 1-47 所示。

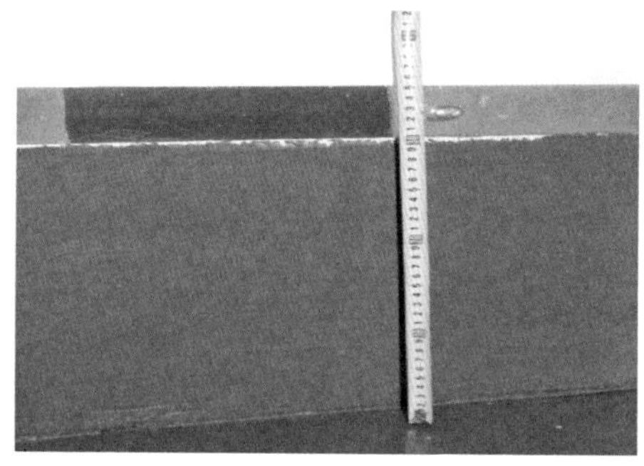

图 1–47 室内接地干线效果图

2）室内接地带采用 –50mm × 5mm 镀锌扁钢沿墙明敷一圈，距室内地坪 300mm，离墙间隙 20mm，外露接地线表面涂刷黄绿相间条纹作为接地标识。室内接地装置安装效果如图 1-48 所示。

图 1–48 接地装置安装效果图

3）接地网遇门处拐角埋入地下敷设，埋深 250～300mm。

4）接地装置的接地电阻应≤4Ω，对于土壤电阻率高的地区，如电阻实测值不满足要求，应增加垂直接地体及水平接地体长度，直到符合要求为止。如开关站/环网室/配电室采用建筑物的基础做接地极，且主体建筑接地电阻＜1Ω，可不另设人工接地。

5）开关柜基础槽钢应不少于两点与主接地网连接。

4.3 建筑物屋面避雷带施工

屋面避雷带安装→断接卡安装。

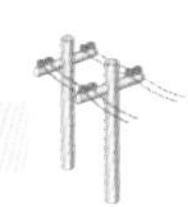

（1）屋面避雷带安装（见图 1－49）。

图 1－49　屋面避雷带安装效果图

1）屋面避雷带宜优先选用镀锌圆钢（直径按设计要求且≥8mm）。

2）屋面避雷带水平直线段平正顺直，弯曲段顺滑，无扭曲，距离女儿墙（屋面）高度≥150mm。

3）固定点支持件间距均匀，固定可靠。固定点间距安设计布置，设计未明确时，水平段固定点间距为 0.5～1.5m，弯曲段固定点间距为 0.3～0.5m。

（2）断接卡安装（见图 1－50）。

图 1－50　断接卡安装效果图

1）引下线应暗敷。断接卡距离室外地面高度统一（1.5～1.8m），离建筑物边或转角处距离统一，应避开窗户、空调和落水管等，并便于检测。

2）断接卡保护措施应采取暗敷断线盒。断线盒尺寸宜为 300mm（高）×210mm（宽）×120mm（厚）。

3）避雷带与引下线搭接按设计和规范要求进行焊接，焊缝饱满，焊渣清理干净，并做两道红丹漆防腐，银粉漆罩面。

5 建筑雨水排水及建筑电气施工

5.1 建筑雨水排水施工

开关站/环网室/配电室应充分考虑防潮、防洪、排水等措施。宜采用自流式有组织排水，设置集水井汇集雨水，经地下设置的排水暗管至窨井，然后有组织将水排至附近市政雨水管网中，对于地下的开关站/环网室/配电室应设置排水泵，采用强排措施。

管卡固定→雨水管道安装。

（1）管卡固定。安装雨水管随抹灰架子由上往下进行，先在雨水斗口处吊线坠弹直线，采用管道专用卡具在墙上固定，间距为 1.2m。

（2）雨水管道安装（见图 1－51）。

图 1－51 雨水管道安装效果图

1）雨水管道暗排底层设置检查口，其中心高度距操作地面宜为 1.0m，穿过散水时，管道应采用柔性连接（见图 1－52）。

2）雨水管道安装垂直度允许偏差≤3mm/m。

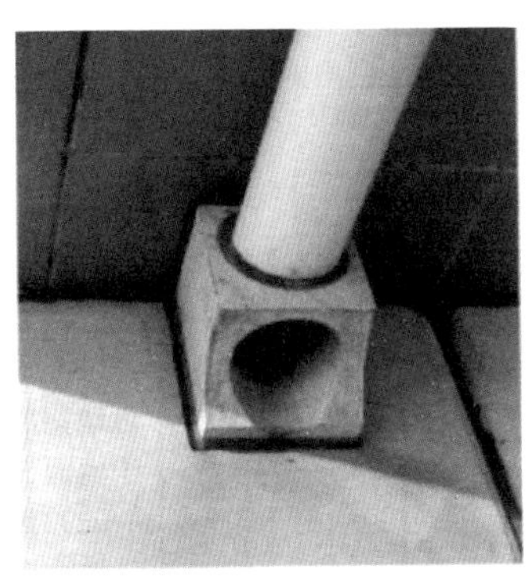
(a) 雨水管道明排效果图

(b) 雨水管道暗排效果图

图 1－52　雨水管道安装细部构造

5.2　建筑电气施工

照明灯具安装→室内配电箱安装→开关及插座安装。

（1）照明灯具安装。

1）照明灯具宜优先选用防爆节能灯具。

2）安装位置应避开主梁、次梁，避开二次设备屏位、母线和开关柜的正上方，布局美观合理。节能灯灯头对地距离≥2.4m，且高于配电装置顶部 600mm，不得安装在配电装置的正上方。壁灯灯座中心离地 2.5m。吊杆式灯具安装效果图如图 1－53 所示。

图 1－53　吊杆式灯具安装效果图

3）疏散指示灯安装在楼梯间疏散走道及其转角处距离地面 1.0m 以下的墙面上，不影响正常通行，标识识别方向正确，走道疏散指示灯的间距≤20m。安全出口指示灯宜设在出口的顶部。疏散指示灯安装效果图如图 1－54 所示。

图 1－54 疏散指示灯安装效果图

4）在室内配电装置室及室内主要通道处，设应急照明。应急照明灯安装数量满足设计要求，安装位置与照明灯位于同一水平线。应急照明供电时间不小于 8h。安全出口安装效果图如图 1－55 所示。

图 1－55 安全出口安装效果图

（2）室内配电箱安装（见图 1－56）。高度统一，安装高度为配电箱下沿距地面 1.5m。箱内设备应满足电气控制箱设置双电源切换装置；断路器额定值大于被保护回路计算电流设计值，线路载流量大于断路器额定电流。

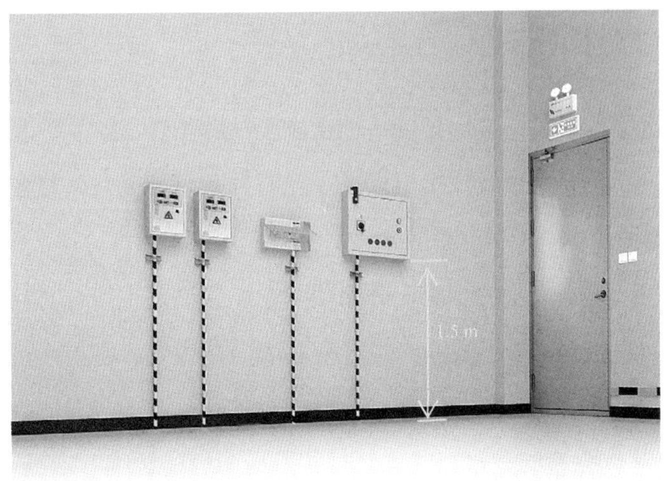

图 1－56　室内配电箱安装效果图

（3）开关及插座安装（见图 1－57）。

1）开关安装距地面 1.3m，距离门框边缘宜为 150～200mm，开关位置与灯具位置应相对应。

2）插座安装时距地 200mm。

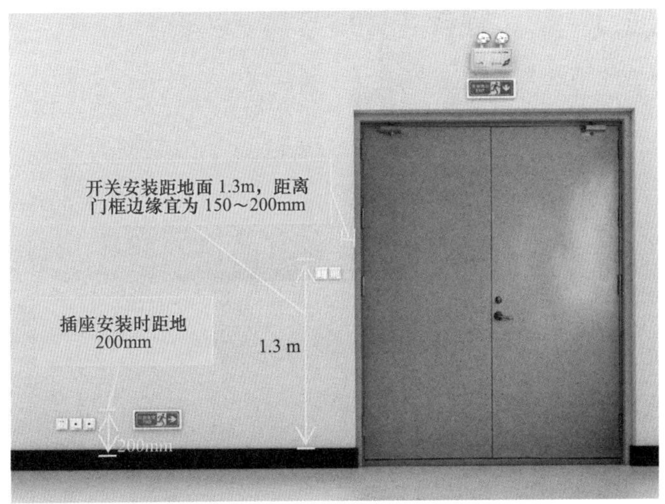

图 1－57　开关及插座安装效果图

6 装饰装修施工

6.1 细石混凝土地面施工

找标高、弹面层水平线→基层处理→面层施工→养护。

（1）找标高、弹面层水平线。根据墙面上已有的水平标高线，量测出地面面层的水平线，弹在四周墙面上。

（2）基层处理。基层表面的尘土、砂浆块等杂物应清理干净，且应按照施工要求进行基层湿润、抹饼冲筋。若基层表面光滑，应将表面凿毛或涂刷界面剂。

（3）面层施工。

1）面层施工前，应涂刷素水泥浆结合层，且应随刷随铺细石混凝土，并抹面压光。细石混凝土地面效果图如图 1－58 所示。

2）表面平整度≤3mm，缝格顺直偏差≤2mm。

（4）养护：面层施工完毕 24h 后进行浇水养护或覆盖塑料薄膜养护，每天不少于 2 次，养护时间不少于 7 日。

(a) 细石混凝土地面

(b) 细石混凝土坡道

图 1－58　细石混凝土地面效果图

6.2 自流平地面施工

找标高、弹面层水平线→基层处理→面层施工→养护。

（1）找标高、弹面层水平线。根据墙面上已有的水平标高线，量测出地面面层的水平线，弹在四周墙面上。

（2）基层处理。基层表面的尘土、砂浆块等杂物应清理干净，基层应平整、分格缝留置合理，并用柔性材料填塞平整。

（3）面层施工。

1）自流平地面应平整、光滑、颜色均匀一致，不应有开裂、漏涂、误涂、砂眼、裂缝、起泡、泛砂和倒泛水、积水等现象，与地面埋件、预留洞口处接缝顺直，收边整齐。自流平地面效果图如图 1－59 所示。

图 1－59　自流平地面效果图

2）表面平整度≤1mm，厚度≤0.1mm，缝格顺直偏差≤2mm。

（4）养护：面层施工完毕 24h 后进行养护，需养护 7～10 天后方可投入使用，在养护期间，应避免水或其他溶液浸润表面。

6.3　墙面抹灰施工

基层清理→挂网→墙面湿润和甩浆→抹饼冲筋→抹灰施工→养护。

（1）基层清理。混凝土表面需清除浮浆、脱模剂、油污及模板残留物，并割除外漏的钢筋头、剔凿突出的混凝土块；砌体墙面应清扫灰尘，清除墙面浮浆，突出的砂浆块。

（2）挂网（见图 1－60）。不同材料机体交接处表面的抹灰应采取防止开裂的加强措施：墙体与框架柱、梁的交接处采取钉钢丝网（宜选用 12.7mm×12.7mm 的钢丝网，丝径为 0.9mm，搭接时应错缝）加强，钢丝网与基体的搭接宽度每边应≥150mm；当墙体为空心砖、加气混凝土砌块时，钢丝网应满布。

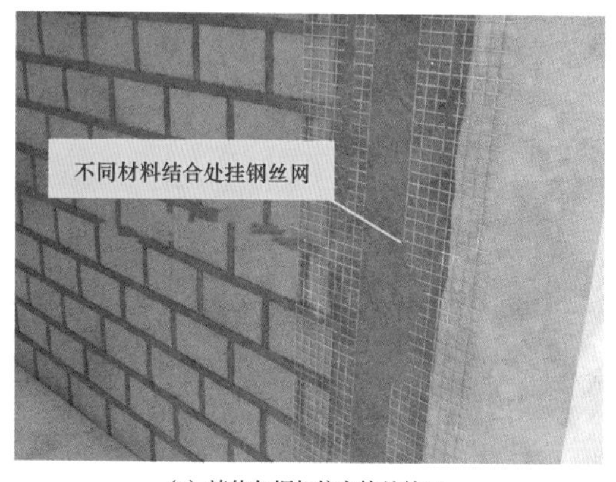

(a) 墙体与框架柱交接处挂网

(b) 墙体满布钢丝网

图 1－60 挂网防开裂图

（3）墙面湿润和甩浆。墙面充分浇水湿润，机械喷浆，要求喷点均匀无漏点。

（4）抹饼冲筋（见图 1－61）。抹灰前细化抹灰小样图，并按要求抹制灰饼，灰饼距离阴阳角、地面、顶棚不宜超过 250mm，横向间距不大于 1500mm，灰饼做成 50mm 见方，并以灰饼为基准冲筋，以灰饼和冲筋确定抹灰层厚度。

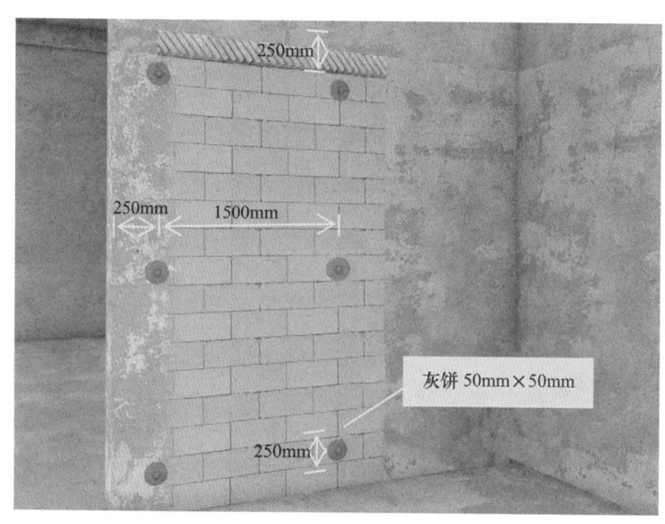

图 1－61 抹饼冲筋图

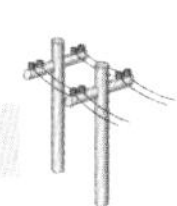

（5）抹灰施工（见图 1－62）。按照设计要求，分层施工底层和面层。

1）先抹底灰，抹底灰应先薄薄地刮一层，接着装档、找平，再用大杠乖直、水平刮找一遍。用木抹子搓毛，然后全面检查底子灰是否平整、阴阳角是否方正、管道处灰是否抹齐、墙与顶棚交界处是否光滑平整，并用托线板检查墙面的垂直与平整情况，抹灰接槎应平顺，抹灰后应及时清理散落的砂浆。

2）当底子灰六七成干时，即可开始抹罩面灰（如底灰过干应浇水湿润）。罩面灰应两遍成活，面层砂浆的配合比严格遵照规范要求，厚度以 5～8mm 为宜。罩面灰与分格条或灰饼抹平，用杠横竖刮平，木抹子搓毛，铁抹子溜光、压实。待其表面无明水时用软毛刷蘸水垂直方向轻刷一遍，以保证面层灰的颜色一致，避免和减少收缩裂缝。

(a) 抹灰墙面（抹底层灰）

(b) 抹灰墙面（成品）

图 1－62 分层抹灰施工图

（6）养护。抹面层初凝后应适时喷水养护，每天养护 5 遍，养护时间不小于 7 日。

6.4 内墙涂料施工

基层清理→刮腻子→涂饰面层。

（1）基层清理（见图 1－63）。将残留在基层表面上的灰尘、污垢、溅沫和砂浆流痕等杂物清扫干净。将墙面基层上起皮、松动及空鼓等清除凿平，缺棱掉角处用 M15 水泥砂浆或聚合物砂浆修补，且基层的含水率应符合施工要求。

图 1－63 涂料墙面（基层）

（2）刮腻子（见图 1－64）。刮腻子的遍数应根据基层表面的平整度确定，刮腻子后的墙面应平整光滑、棱角顺直。

图 1－64 涂料墙面（腻子打磨后）

（3）涂饰面层（见图 1－65）。在涂料施工前，应在门窗边框、踢脚线、开关、插座等周边粘贴美纹胶纸，防止涂料二次污染。涂料使用前要充分搅拌，喷涂涂料时必须确保涂层厚薄均匀、色泽一致。

图 1－65　涂料墙面成型效果

6.5　外墙外保温及装修施工

基层清理→刮平扫毛→保温板施工→加强网铺设→聚合物砂浆施工→外墙面砖施工→外墙真石漆施工→外墙保温复合一体板施工。

（1）基层清理。将残留在基层表面上的灰尘、污垢、溅沫和砂浆流痕等杂物清扫干净，并按要求浇水湿润。

（2）刮平扫毛（见图 1－66）。涂抹 10mm 厚防水砂浆，并刮平扫毛或划出纹道。

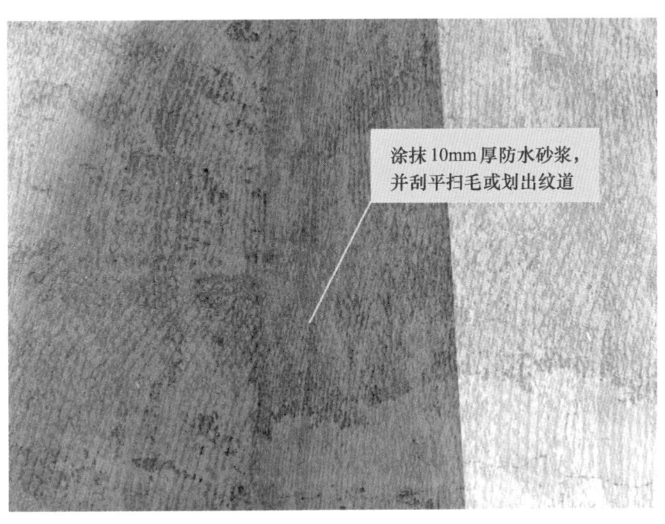

图 1－66　外墙刮平扫毛效果图

（3）保温板施工（见图 1－67）。外墙外保温宜选用模塑聚苯乙烯泡沫塑料（简称 EPS 保温板）。EPS 保温板采用上下错缝铺贴。保温板打胶粘贴时，应将胶黏剂涂在 EPS 板背面，涂胶黏剂面积不得小于 EPS 板面积的 40%。胶黏剂干燥 24h 后在每块 EPS 保温板四角及中央打塑料胀钉，钉帽应卧入保温板，表面应平整无凸起。空心砖墙体保温板施工时应采用专用钉。

（4）加强网铺设。装饰缝、门窗四角和阴阳角等处应做好局部加强网施工。

（5）聚合物砂浆施工。对于面砖墙面，应采用在加强网上抹聚合物砂浆。

（6）外墙面砖施工。外墙面砖施工图如图 1－68 所示。

1）施工前，应将基层清理干净。并根据设计要求做好排版弹线工作。面砖应粘贴牢固、表面平整洁净、色泽一致，接缝应平直光滑，填嵌应连续密实。

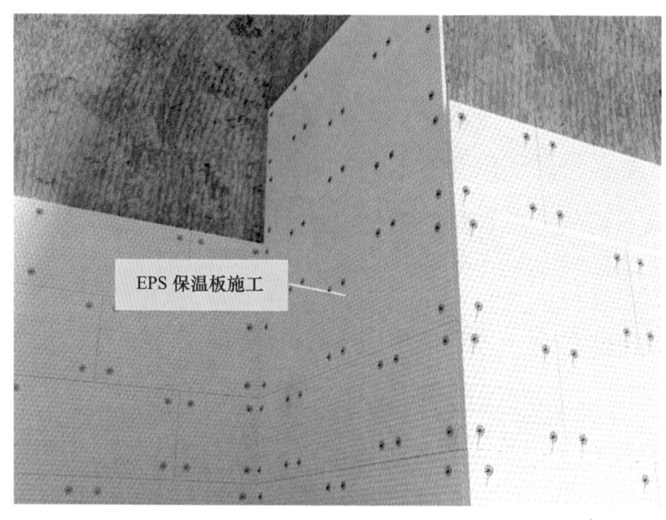

图 1－67 EPS 保温板施工图

2）外墙面砖粘贴前应做淋水试验。

3）外墙面砖的缝隙均匀一致，缝宽 6～10mm。外墙砖需设置伸缩缝，宽度为 20mm，间距不宜大于 6m。

4）外墙面砖垂直度偏差≤3mm，平整度≤2mm，阳角方正≤2mm，接缝直线度≤3mm，接缝高低差≤1mm。

5）外墙面砖应做黏接强度试验，墙砖破坏强度≥1300N。

图 1－68　外墙面砖施工图

（7）外墙真石漆施工（见图 1－69）。

图 1－69　外墙真石漆效果图

1）真石漆基层应平整、阴阳角顺直，含水率≤10%、无浮尘、无油污、无空鼓。

2）批刮腻子：用专用腻子批底两遍，干燥后打磨平整，分格条表面粘贴胶带保护。

3）喷涂真石漆骨料应分两次进行。第一道均匀薄喷，待其完全干燥后检查涂膜，然后再喷第二道面层，达到丰满均匀。

4）外墙真石漆颜色均匀一致，无泛碱、流坠、咬色、刷痕、砂眼弹性涂料点状分布应疏密均匀。

5）外墙真石漆总厚度大于等于 3mm，耐洗刷性≥3000 次。

（8）外墙保温复合一体板施工（见图 1－70 外墙保温复合一体板）。

1）一体板保温层厚度、材质、密度应满足设计节能、防火计算要求。

2）一体板基层应具有一定强度，平整度不宜大于 5mm。施工前在基层墙体上应进行锚栓的拉拔试验，进而确定锚栓数量。一般情况下，每平方米锚栓数量不应少于 8 个，锚栓的锚固深度≥50mm。

3）外墙保温复合一体板安装时，要在外墙保温复合一体板的挂件位置背面打上发泡剂或泡沫条，以保证装饰面板与挂件的可靠连接。

4）外墙保温复合一体板安装垂直度允许偏差≤3mm，平整度允许偏差≤2mm，接缝宽度允许偏差≤1mm，分格条（缝）平直度允许偏差≤2mm，接缝高低差≤2mm，阴阳角垂直度允许偏差≤3mm。

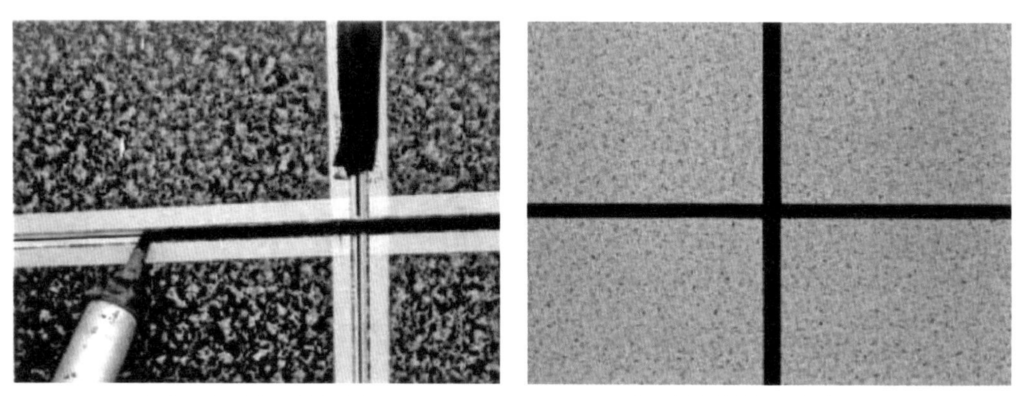

(a）外墙保温复合一体板（勾缝） (b）外墙保温复合一体板效果图

图 1－70 外墙保温复合一体板

6.6 门窗施工

测量、放线→安装门、窗框→安装门窗扇及五金件→填充发泡剂、塞海绵棒及门窗外周圈打胶→清理、清洗门窗及成品保护。

（1）测量、放线。上墙安装前，对提供的基准线进行复核，并根据施工图纸弹出的门窗安装标高控制线及平面中心位置线，测出每个门窗洞口的平面位置、标高及洞口尺寸等偏差。门窗槽口宽度、高度偏差≤2mm；门窗槽口对角线长度偏差≤3mm；门窗框的正、侧面垂直度偏差≤3mm；门窗框的水平度偏差≤3mm；门窗横框的标高偏差≤5mm；门窗竖向偏离中心偏差≤5mm；双扇门窗内外框间距偏差≤4mm。

（2）安装门、窗框。采用镀锌铁片连接固定牢固，严禁采用射钉固定。预埋件的数量、位置、埋设方式、与框的连接方式必须符合设计要求，门框与楼地面采用嵌入式安装时，门槛一侧顶面应与地面齐平。金属门、窗应采取接地保护措施。窗框安装效果图如图 1－71 所示。

图 1－71　窗框安装效果图

（3）安装门窗扇及五金件。门窗扇在外保温施工完毕、外墙涂料施工前进行安装。门窗扇可以先在地面组装好，也可以在门窗框安装完毕验收后再行安装。

1）百叶风口应防火、防沙尘、防雨水。内侧设置不锈钢隔网，孔径为 15mm×15mm。

2）门窗框（扇）缝隙均匀、平直、关闭严密，开启灵活。推拉门窗必须设置防撞及防跌落装置。

3）窗槽轨内做泄水孔，泄水孔不少于两个，内外呈一定坡度，防止积水。

4）防火门及附件质量必须符合设计要求和有关消防验收标准的规定，应由厂家提供合格证。防火门的功能指标必须符合设计和使用要求。防火门密封要求必须满足设计及规范要求。门口设置防小动物挡板，高度不小于 500mm，上部设置黄黑相间防绊跤线标识。

（4）填充发泡剂、塞海绵棒及门窗外周圈打胶。注发泡剂、塞海绵棒、打胶等密封工作应在保温面层及主框施工完毕，外墙涂料施工前进行。注胶后注意保养，胶在完全固化前不要粘灰和碰伤胶缝。耐候胶密封施工图如图 1－72 所示。

（5）清理、清洗门窗及成品保护。门窗安装完毕后，将沾污在框、扇玻璃与窗台上的水泥浆、胶迹等污物，用拭布清擦干净，必要时应对门扇及窗扇进行措施保护。门窗安装效果图如图 1－73 所示。

图 1－72　耐候胶密封施工图

图 1－73　门窗安装效果图

7　土建附属及其他施工

7.1　散水及踏步施工

基层清理→模板安装→混凝土浇筑→分隔缝密封→栏杆、扶手安装。

（1）基层清理（见图 1－74）。基层回填土压实系数应满足设计要求，基层回填土内不得含有建筑垃圾或碎料。

图 1－74　散水基层清理效果图

（2）模板安装（见图 1－75）。根据散水、踏步的外形尺寸支好侧模，放好分格缝模板，缝宽 20～25mm，留缝宽窄整齐一致。纵向每 3～4m 设分格缝一道，房屋转角处与外墙呈 45° 角，分格缝宽 20mm，分格缝应避开雨落管，以防雨水从分格缝内渗入基础。模板支设时要拉通线、抄平，做到通顺、平直，散水坡向宜向外坡 3%～5%，并满足设计要求。

图 1－75　散水模板安装效果图

（3）混凝土浇筑（见图 1－76）。待混凝土初凝时，用原浆压光混凝土面层；待混凝土终凝后有一定强度时，拆除侧模，起出分格条。

图 1－76 现浇混凝土散水效果图

（4）分隔缝密封。

1）养护期满后，分格缝内应清理干净，采用沥青砂填充，硅酮耐候胶封闭，填塞时分格缝两边粘贴 30mm 宽美纹纸，防止污染散水表面。

2）散水、踏步与建（构）筑物间应留置 20～25mm 宽变形缝，采用沥青砂填充，硅酮耐候胶封闭。现浇混凝土散水效果图如图 1－77 所示。

图 1－77 现浇混凝土散水效果图

（5）栏杆、扶手安装（见图 1－78）。栏杆及扶手安装允许偏差：栏杆垂直度偏差≤2mm。栏杆间距偏差≤3mm。扶手直线度偏差≤3mm。扶手高度偏差≤3mm。

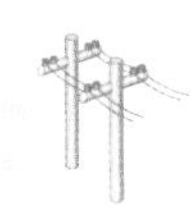

图 1－78　扶手、栏杆效果图

7.2　砖砌电缆沟施工

电缆沟沟道施工→电缆沟沟壁砌筑→预制电缆沟压顶安装→电缆支架安装→预制电缆沟盖板安装。

（1）电缆沟沟道施工。沟底排水畅通，无积水，电缆沟的纵向排水坡度，不宜小于0.3%；沿排水方向在标高最低部位宜设集水坑。沟道中心线位移偏差≤10mm，沟道顶面标高偏差－3～0mm，沟道截面尺寸偏差≤3mm，沟侧平整度偏差≤3mm。电缆沟集水坑如图 1－79 所示。

图 1－79　电缆沟集水坑

（2）电缆沟沟壁砌筑。

1）电缆沟沟壁应采用 Mu10 烧结砖砌筑，灰缝宽度为 8～12mm，砌体水平灰缝的砂浆饱满度不得小于 80%。

2）电缆沟伸缩缝间距为 9～15m，中间填塞橡胶泡沫板，两侧各嵌 20～30mm 沥青麻丝、20mm 厚的发泡剂，然后用硅酮耐候胶封闭。电缆沟伸缩缝效果图如图 1－80 所示。

图 1-80　电缆沟伸缩缝效果图

3）粉刷必须内外分层进行，严禁一遍完成。每层厚度宜控制在 6～8mm，层间间隔时间≥24h。电缆沟分层粉刷图如图 1－81 所示。

图 1-81　电缆沟分层粉刷图

（3）预制电缆沟压顶安装。

1）长度偏差±5mm，宽度偏差±5mm，厚度偏差±3mm，对角线偏差≤3mm，表面平整度偏差≤3mm。

2）预制压顶坐浆 10～20mm，拉线找平，安装顺直、平整，缝宽 15mm，M15 防水砂浆嵌缝。

（4）电缆支架安装。

1）金属电缆支架全长按设计要求进行接地焊接，应保证接地良好。所有支架焊接牢靠，焊口应饱满，无虚焊现象，焊接处防腐应符合要求。电缆支架接地焊接及防腐图如图 1–82 所示。

图 1–82　电缆支架接地焊接及防腐图

2）各支架的同层横担应在同一水平面上，其高低偏差不应大于 5mm；变形缝两侧 300mm 范围内不能安装支架。电缆支架安装效果图如图 1–83 所示。

图 1–83　电缆支架安装效果图

（5）预制电缆沟盖板安装。

1）预制电缆沟盖板偏差：长度±3mm，宽度±3mm，厚度±2mm，对角线≤3mm，表面平整度≤3mm。

2）盖板安装前加设柔性垫块或橡胶条，应确保每块盖板四角均有柔性垫块支撑，盖板安装时应拉线调整盖板顺直及平整度。电缆沟盖板安装图如图 1－84 所示。

图 1－84 电缆沟盖板安装图

7.3 设备基础施工

设备基础施工→型钢预埋→混凝土浇筑→模板拆除→养护。

（1）设备基础施工。

1）现浇式钢筋混凝土设备基础施工工艺标准详见 1.1.3 基础垫层施工、1.1.4 基础钢筋工程、1.1.5 基础模板工程。

2）砖砌式设备基础施工工艺标准详见 1.7.2 电缆沟工程。

（2）型钢预埋。

1）型钢预埋中心偏差≤1mm/m，全长≤5mm；表面平整度偏差≤1mm/m，全长≤5mm；不平行度偏差≤5mm，与混凝土表面的平整度偏差≤3mm；型钢应高出基础表面 3～5mm。室内型钢预埋效果图如图 1－85 所示。

图 1－85 室内型钢预埋效果图

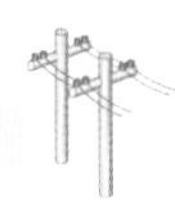

2）型钢与混凝土连合部留置 2～4mm 宽的变形缝，深度与埋件厚度一致，并采用硅酮耐候密封胶封闭，防止设备安装焊接过程中因埋件变形引起的混凝土面层裂缝，焊接完成后防腐层受损处应进行补足。室内型钢预埋效果图如图 1－86 所示。

图 1－86　室内型钢预埋效果图

8　电气设备安装

8.1　12kV 手车式开关柜安装

（1）所有柜体应安装牢固，外观完好，无损伤，内部电器元件固定牢固。

（2）依据电气安装图，核对主进线柜并将进线柜定位，相对排列的柜应以跨越母线柜为基准进行对面柜体的定位，保证两柜位置相对应。

（3）在基础槽钢上依次精确调整开关柜的位置和垂直度，调整开关柜位置时，应注意开关柜的主母线和接地母线，使其能插入到临柜相应的连接位置。屏柜安装偏差要求如表 1－2 所示。盘柜间接缝测量如图 1－87 所示。

表 1-2　　屏柜安装偏差要求

序号	检查项目	要求
1	垂直度偏差	≤1.5mm/m，全长≤3mm
2	侧面垂直度偏差	≤2mm
3	跨越母线柜左右偏差	≤2mm
4	水平偏差	相邻两盘≤2mm
		成列盘≤5mm
5	盘间不平偏差	相邻两盘≤1mm
		成列盘≤5mm
6	盘间接缝	≤2mm

图 1-87　盘柜间接缝测量

（4）柜体固定方式应按设计要求进行，无要求时宜采用焊接或在基础型钢上钻孔后用螺栓固定。采用螺栓固定时，应采用双螺帽螺栓连接并固定牢固。相邻开关柜应以每列第一面柜为准对齐，使用厂家专配并柜螺栓连接，调整好柜间缝隙后，紧固相邻柜间连接螺栓。屏柜整体安装效果图如图 1-88 所示。

（5）开关柜在安装过程中应确保其机械闭锁、电气闭锁动作可靠、准确和灵活。

（6）柜内母线连接接触面间应保持清洁，宜涂电力复合脂。母排搭接面应连接紧密，螺栓与母线紧固面间均应有平垫圈，螺母侧应装有弹簧垫圈或锁紧螺母，连接螺栓应用

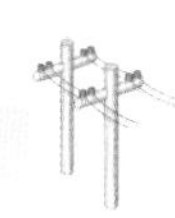

力矩扳手紧固。母线平置时，贯穿螺栓应由下往上穿，螺母应在上方；其余情况下，螺母应置于维护侧，连接螺栓连接应紧固可靠，长度宜露出螺母 2～3 扣。母线连接螺栓安装效果图如图 1－89 所示。

图 1－88　屏柜整体安装效果图

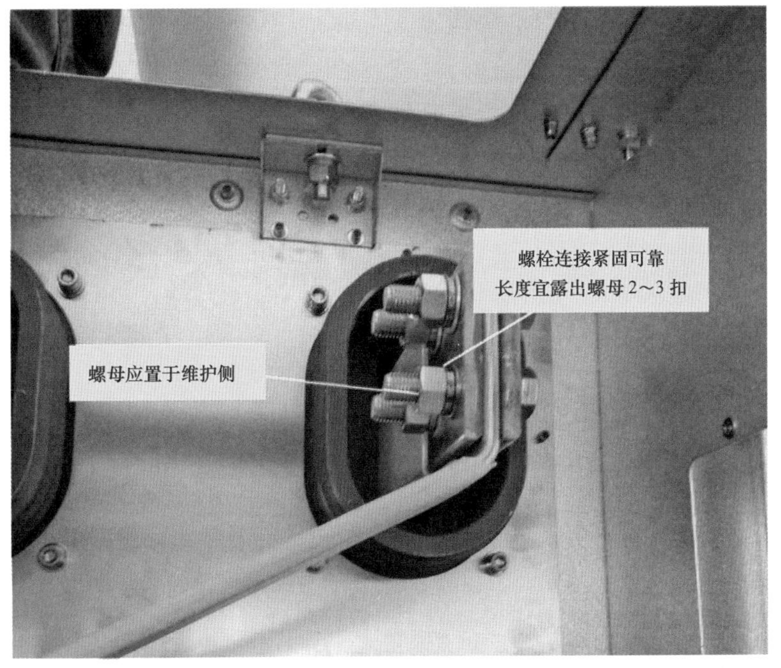

图 1－89　母线连接螺栓安装效果图

（7）金属封闭母线应在绝缘电阻测量和工频耐压试验合格后再与设备的螺栓连接，对额定电流大于 3000A 的导体其紧固件应采用非磁性材料。

（8）手车式开关柜手车应推拉灵活轻便，无卡阻、碰撞现象，相同型号的手车应能互换。开关柜手车外观如图 1－90 和图 1－91 所示。

图 1－90 手车式开关侧视图

图 1－91 手车式开关后视图

（9）手车式开关柜手车推入工作位置后，动触头与静触头的中心线应一致，动、静触头接触应严密、可靠。

（10）手车与柜体间的接地触头应接触紧密，当手车推入柜内时，其接地触头应比主触头先接触，拉出时接地触头应比主触头后断开。

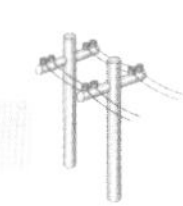

（11）手车式开关柜手车和柜体间的二次回路连接插件应接触良好，并有锁紧措施。连接插件的插接如图 1－92 所示。

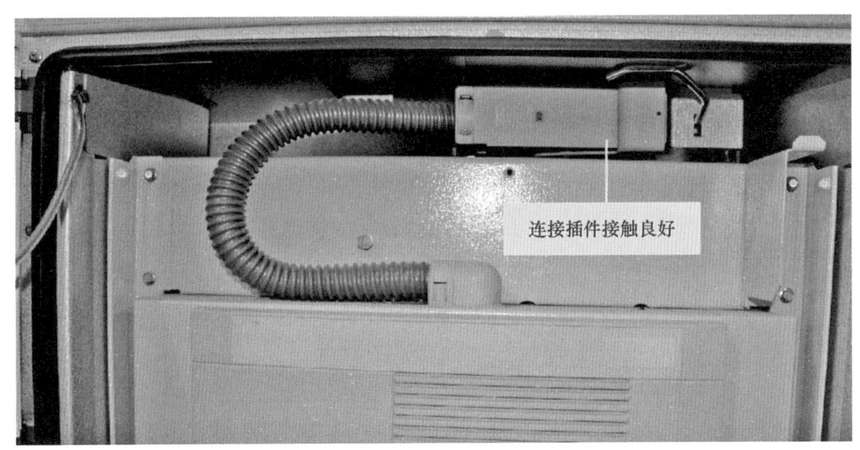

图 1－92　手车连接插件（航空插头）

（12）手车式开关柜安全隔离板（见图 1－93）应开启灵活，动作正确到位、闭锁可靠，小车进出不影响闭锁可靠性。

图 1－93　手车式开关柜安全隔离板

（13）穿过手车开关柜内的控制电缆应固定于专用的金属槽上，不应妨碍手车的进出。手车柜内控制电缆布线如图 1－94 所示。

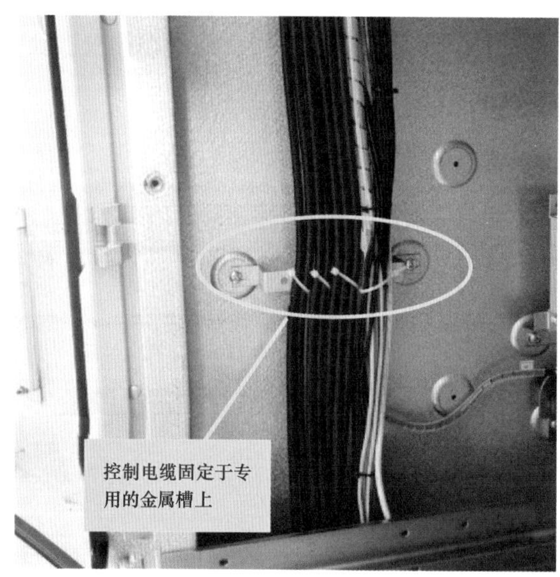

图 1-94 手车柜内控制电缆布线图

8.2 0.4kV 开关柜安装

（1）所有柜体应安装牢固，外观完好，无损伤，内部电器元件固定牢固。

（2）依据电气安装图，核对主进线柜并将进线柜定位，相对排列的柜应以跨越母线柜为基准进行对面柜体的定位，保证两柜位置相对应。在基础槽钢上依次精确调整开关柜的位置和垂直度。调整开关柜位置时，应注意开关柜的主母线和接地母线，使其能插入到临柜相应的连接位置。

（3）柜体固定方式应按设计要求进行，无要求时宜采用焊接或在基础型钢上钻孔后用螺栓固定。采用螺栓固定时，应采用双螺帽螺栓连接并固定牢固。相邻开关柜应以每列第一面柜为准对齐，使用厂家专配并柜螺栓连接，调整好柜间缝隙后，紧固相邻柜间连接螺栓。

（4）采用抽屉式屏柜的，安装后应检查抽屉或抽出式机构抽拉是否灵活，无卡阻和相碰现象，同型号、规格的抽屉应能互换。抽屉的动、静触头的中心线是否一致，触头接触应紧密，机械闭锁或电气闭锁应动作正确。抽屉柜外部及抽屉柜内部安装图如图 1-95 所示。

（5）采用固定式屏柜的，安装后应检查各操动机构灵活无卡涩、低压总路开关与支路开关极差配合合理，机械闭锁或电气闭锁应正确动作。固定式屏柜如图 1-96 所示。

（6）二次回路主开关应按设计要求选取，无相关要求时应用微型断路器。指示、取样电源应在主开关母线侧取电，每个进线柜二次室各带一只空气开关。

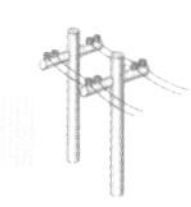

（7）低压配电装置的连线均应有明显的相别标记。

(a) 抽屉柜外部

(b) 抽屉柜内部

图 1-95　抽屉柜外部及抽屉柜内部安装图

图 1-96　固定式柜低压配电装置

8.3　变压器安装

（1）装卸、搬运变压器时，应做好变压器本体及基础等的防护工作，防止碰损设备基础、变压器瓷套管、散热片等。

（2）变压器应安装牢固，变压器与四周墙体或门的安装间距应满足设计要求，允许偏差为±25mm。

（3）配电室采用干式变压器的，安装应注意以下要点：

1）干式变压器一次元件应按说明书位置安装，二次仪表安装在便于观测的变压器护网栏上（见图 1－97）。

图 1－97 二次仪表安装

2）高低压两侧引线，不应使变压器的套管直接承受应力。

3）安装过程中室内相对湿度保持在 70%以下。

4）干式变压器软连接不得有压扁或死弯，弯曲半径不得小于 50mm，其余部分应固定。

5）干式变压器安装、维修最小环境距离应符合设计要求，且变压器的安装应采取防震、降噪措施。干式变压器安装效果图如图 1－98 所示。

图 1－98 干式变压器安装效果图

（4）配电室采用油浸式变压器的，安装安装应注意以下要点：

1）油浸变压器的安装位置，应考虑能在带电的情况下，便于检查储油柜和套管中的油位、上层油温、瓦斯继电器等，且采取抗震措施。

2）变压器的重要附件（气体继电器、防潮呼吸器、温度计等）应安装正确，附件的控制导线应采用具有耐油性能的绝缘导线，靠近箱壁的导线应用金属软管保护，并排列整齐，接线盒应密封良好。

3）在防潮呼吸器安装时，必须将呼吸器盖子上橡皮垫去掉，并在下方隔离器具中装适量变压器油进行滤尘。

4）气体继电器沿气体继电器的气流方向有 1.0%～1.5%的升高坡度，储油柜阀门必须处于开启状态，观察窗应装在便于检查一侧，箭头方向应指向储油柜，与波纹管的连接应密封良好。

5）套管温度计应直接安装在变压器上盖的预留孔内，并在孔内加适当变压器油，刻度方向应便于检查，二次仪表挂在变压器一侧的预留板上。

6）变压器联线、引线施工，不应使变压器的套管及高低压两侧桩头直接承受应力。

7）变压器宽面推进时，低压侧应向外；窄面推进时，储油柜侧一般向外。对装有滚轮的变压器，滚轮应能转动灵活，在就位后，应将滚轮用能拆卸的制动装置加以固定。

8）安装时扣件应正确到位，相色与变压器相位一致，具有良好的性能，绝缘强度不小于 20kV/mm，疏水性强、耐老化，扣接结构应便于检修。

9）分接开关的各分接点与线圈的联线应紧固正确，且接触紧密良好，转动盘应动作灵活，密封良好。

（5）变压器进出线的支架按设计施工，牢固可靠，标高误差、水平误差均不大于 5mm，与地网连接可靠。支架接地如图 1－99 所示。

（6）变压器高低压接线应用镀锌螺栓连接，所用螺栓应有平垫圈和弹簧垫片，螺栓紧固后，螺栓宜露出 2～3 丝扣。高腐蚀地区，宜采用热镀锌螺栓。电缆终端部件及接线端子符合设计要求，电缆终端与引线连接可靠，搭接面清洁、平整、无氧化层，符合规范要求。变压器与母线连接时应采用软连接，并应留有裕度。变压器接线端子软连接如图 1－100 所示。

（7）变压器外壳接地线截面不小于中性线截面的 1/2，最小不应小于 $70mm^2$。变压器外壳接地如图 1－101 所示。

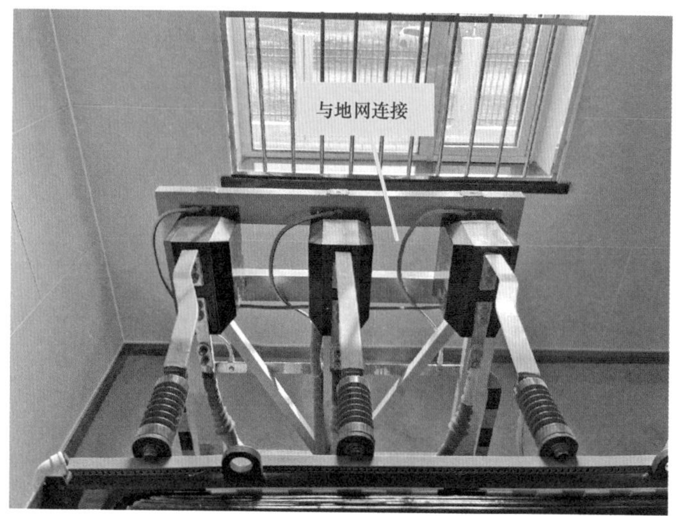

图 1-99 支架接地

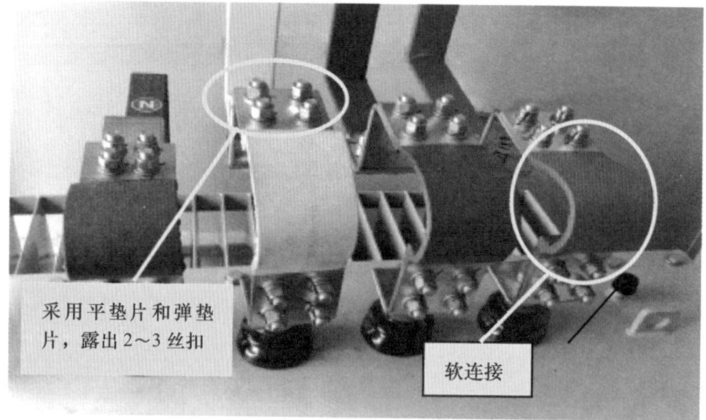

图 1-100 变压器接线端子软连接

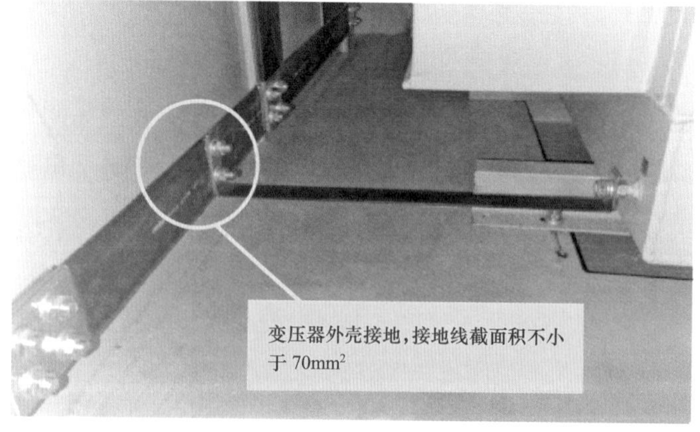

图 1-101 变压器外壳接地

（8）变压器中性点接地应与配电室主接地网独立连接，接地线两端必须用接线端子压接或焊接，接地应可靠，紧固件及防松零件齐全，与主接地网的连接应满足设计及规范要求。变压器保护接地与中性点接地如图 1－102 所示。

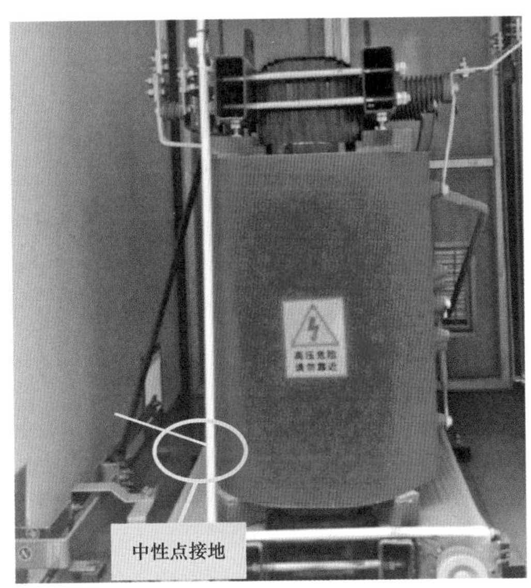

图 1－102　变压器保护接地与中性点接地

8.4　二次回路安装

（1）二次回路安装宜先进行二次配线，后进行接线。每个接线端子每侧接线应为 1 根。对于插接式端子，插入的电缆线芯剥线长度适中，铜芯不外露。对于螺栓连接端子，需将剥除护套的芯线弯圈，弯圈的方向为顺时针，弯圈的大小与螺栓的大小相符，不宜过大。螺栓连接端子弯圈图如图 1－103 所示。

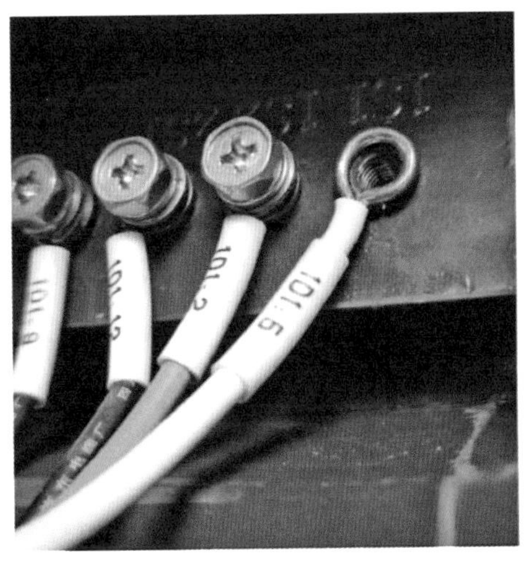

图 1－103　螺栓连接端子弯圈图

（2）二次回路芯线宜按垂直或水平有规律地配置，直线型接线方式应保证直线段水平，间距一致；S 形接线方式应保证 S 弯弧度一致。排列整齐、清晰、美观，编号清晰，无交叉，

图 1－104 二次线布线

固定牢固，芯线绑扎扎带头间距统一、美观，不得使所接的端子排受到机械应力，绝缘良好，无损伤。二次线布线如图 1－104 所示。

（3）连接门上的电器等可动部位的导线应采用多股软导线，敷设长度应有适当裕度；线束应有外套、塑料管等加强绝缘层；与电器连接时，端部应绞紧，并应加终端附件或搪锡，不得松散、断股；在可动部位两端应用卡子固定。后门照明灯过门线金属软管穿线，并进入金属线槽。过门线安装如图 1－105 所示。

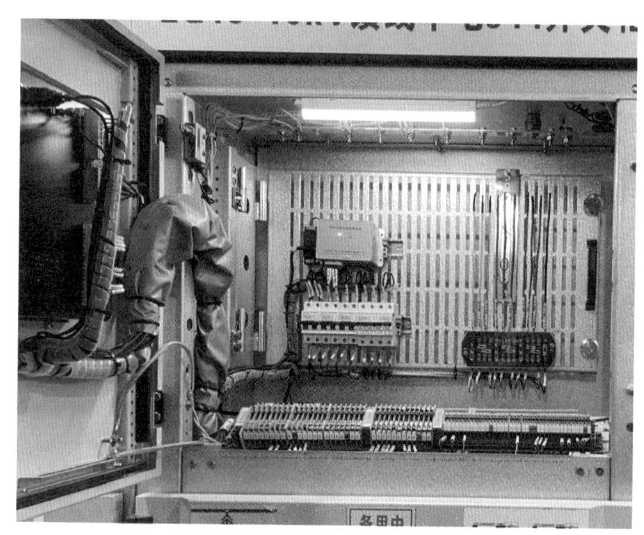
图 1－105 过门线安装

（4）屏柜内电流回路配线应采用耐压等级不低于 500V 的铜芯绝缘导线，其截面积不应小于 2.5mm^2；其他回路截面积不应小于 1.5mm^2。强、弱电回路，双重化回路，交直流回路不应使用同一根电缆，并应分别成束分开排列。互感器二次回路接地端应接至等电位屏蔽铜排。

（5）核对控制电缆型号必须符合设计要求。电缆号牌、芯线和所配导线端部的回路编号应正确，号牌应使用机打号牌，字迹清晰且不易褪色。

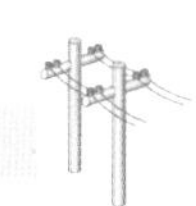

（6）芯线接线应准确、连接可靠，绝缘符合要求，盘柜内导线不应有接头，导线与电气元件间连接牢固可靠。

（7）若控制电缆有备用芯，其长度裕度应满足与端子排最远端子接线的要求，备用芯应加装封套。控制电缆备用芯加装封套图如图 1－106 所示。

（8）装有静态保护和控制装置屏柜的控制电缆，其屏蔽层接地线应采用螺栓接至专用接地铜排。每个接地螺栓上所引接的屏蔽接地接线端子不得超过两个。

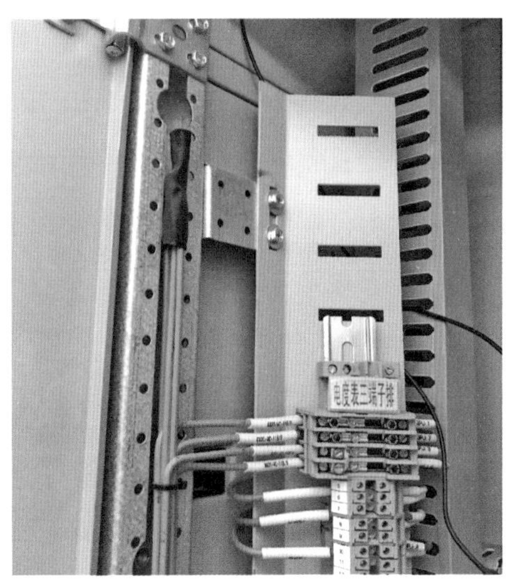

图 1－106 备用芯加装封套图

8.5 直流电源系统安装

（1）蓄电池安装前应进行检查，外观应无裂纹、无损伤；密封良好、无渗漏。

（2）蓄电池支架应固定牢固，水平度偏差应小于±5mm。蓄电池安装效果图如图 1－107 所示。

图 1－107 蓄电池安装效果图

（3）蓄电池安装应平稳，间距应均匀，单体蓄电池之间的间距不应小于 5mm，上下层之间距离应不小于 150mm；同一排、列的蓄电池槽应高低一致，排列整齐。

（4）连接蓄电池连接条应使用绝缘工具，并应佩戴绝缘手套。连接线处清洁后应涂电力复合脂，螺栓紧固时应用力矩扳手，紧固时应防止短路。

（5）蓄电池安装后应对每一个蓄电池在外表面进行编号，编号应清晰、齐全。蓄电池编号如图 1－108 所示。

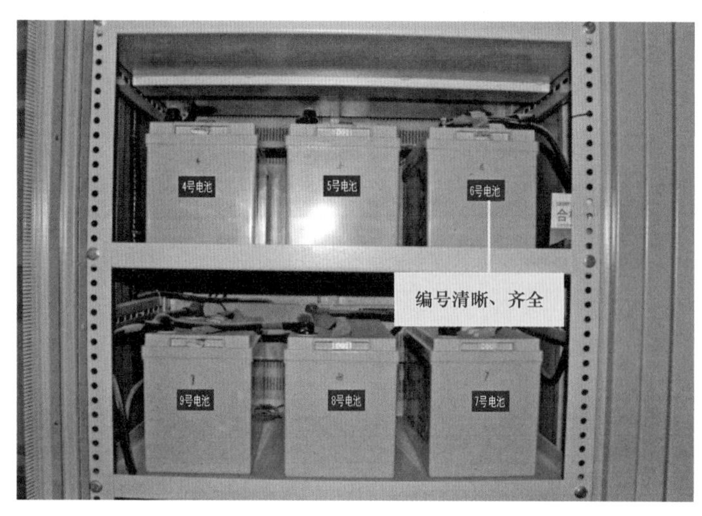

图 1－108　蓄电池编号

（6）蓄电池组安装完毕投运前应进行充放电容量试验和开路电压测试，充电前应检查并记录单体蓄电池的初始端电压和整组电压。充电期间充电电源应可靠，不得断电。第一次放电容量应不小于 95%的额定容量。

（7）蓄电池组的绝缘应良好，绝缘电阻不应小于 0.5MΩ，直流系统接线可靠、工艺美观，充放电装置运行良好，参数设置正确，系统接线方式正确，运行方式转换正确、可靠，盘表指示、极性标识应正确，直流接地检测装置应动作正确。

（8）蓄电池上部或蓄电池端子上应加盖绝缘盖，以防止短路。

8.6　接地安装

（1）每个电气装置的接地应有单独的接地线与接地汇流排或接地干线相连接，严禁在一个接地线中串接几个需要接地的电气装置。

（2）柜、屏的金属框架、柜内接地母线应与接地网应可靠连接（见图 1－109），如使用软铜线，截面积不应小于 25mm^2，每段柜与接地网连接点应不少于 2 处。电气连接宜用紧固连接，以保证电气上连通，接地引下线应符合热稳定及机械强度的要求，连接引线应便于定期进行检查测试。

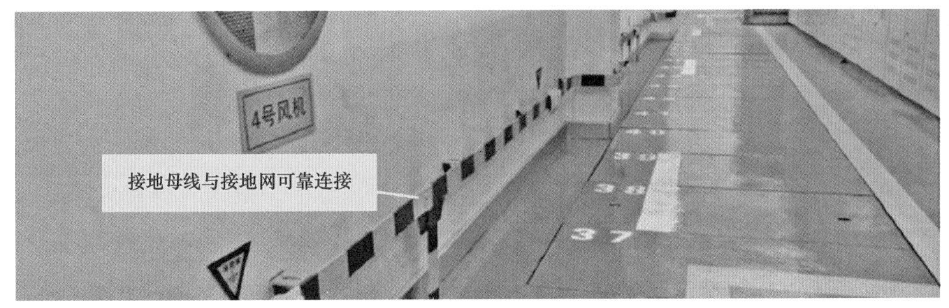

图 1－109 接地母线与接地网连接图

（3）当建筑物与高压柜共同使用建筑物接地网时，建筑物接地网应满足配电房对接地网的阻值和动热稳定的要求。建筑物接地网与电气接地网至少应有 4 个方向的连接。

（4）装有电器的可开启门和框架的接地端子间应用软铜线连接，截面积不应小于 2.5mm^2 还应满足机械强度的要求，并做好标识。接地软铜线安装效果图如图 1－110 所示。

图 1－110 接地软铜线安装效果图

（5）接地连接线的弯曲不能采用热处理，弯曲半径应符合规程要求，弯曲部位应无裂痕、变形。

（6）屏（柜）内二次接地铜排应用专用接地铜排，其截面积应不小于 $100mm^2$（不要求与屏柜绝缘），屏柜内所有装置、电缆屏蔽层、屏柜本体通过铜排接地。二次接地铜排安装效果图如图 1－111 所示。

图 1－111 二次接地铜排安装效果图

（7）开关柜内互感器、避雷器等设备应与开关柜本体可靠接地。避雷器安装效果图如图 1－112 所示。

图 1－112 避雷器安装效果图

（8）室内试验接地端子应标示清晰。

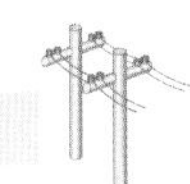

8.7　其他电气设备安装

（1）电能计量表的安装应注意以下要点：

1）应安装于预留的仪表舱室内，安装牢靠、端正，量程符合设计要求。

2）电能计量表表计及终端的连接线应简洁、整齐美观，连接可靠、接触良好，导线金属裸露部分应全部插入接线端子内，不得有外露或压皮现象。电能计量表安装如图 1－113 所示。

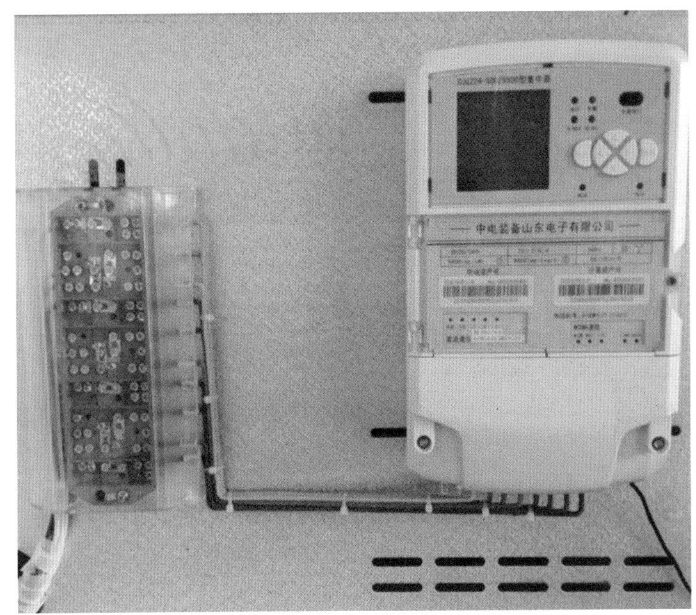

图 1－113　电能计量表安装

（2）电缆的安装应注意以下要点：

1）电缆敷设采用支架上敷设、穿管敷设方式，并满足防火要求；在柜下方及电缆沟进出口采用耐火材料封堵，电缆进出室内外，需考虑防水封堵措施。相近工艺参考《配电标准工艺图册——电缆分册》。

2）电缆固定。不得使电缆连接处受力，固定处应加装符合规范要求的衬垫，三芯电缆固定点应设在三叉部位下端（见图 1－114），单芯电缆固定点应设在应力锥及接地线引出点下部，且单芯电缆各相终端的固定不应形成闭合的铁磁回路。电缆终端与设备搭接不应有机械应力，电缆从基础下进入开关柜时应有足够的弯曲半径，能够垂直进入。

电缆终端安装应确保相间和对地距离满足国家标准要求。电缆终端搭接和固定时，应确保带电体与柜体及接地体之间的距离，不同相之间的距离满足规程规范要求。电缆接线端子固定螺栓应牢固可靠（见图 1－115）。

图 1－114 三芯电缆固定图

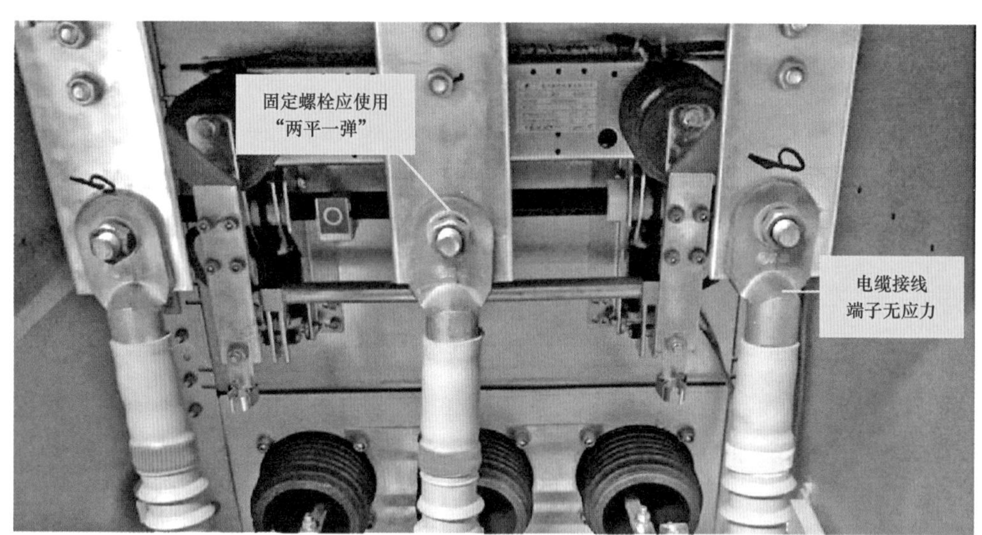

图 1－115 电缆接线端子固定

3）电缆终端的制作。

a. 电缆终端应按规范制作，制作人员应经过专业培训取得相应证书，且技能熟练。

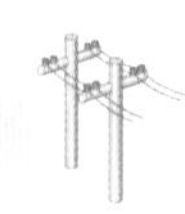

b. 制作前应核对电缆相序或极性，并检查电缆绝缘良好，无受潮现象，附件规格与电缆一致，型号符合设计要求。

c. 制作时制作人员应佩戴正确专用劳动防护用品，并应防止尘埃、杂物和潮气、水雾进入绝缘层内。在室外制作时，其空气相对湿度宜为70%及以下。

d. 电缆线芯连接金具，应采用符合标准的接线端子，其型号应与电缆线芯匹配，接线端子截面积应为电缆线芯截面积的1.2～1.5倍，采用压接方式确保连接紧密、良好、牢固。

e. 电缆终端详细制作工艺标准参照《配电网工程标准施工工艺图册　电缆分册》。

4）电缆的搭接。

多芯电缆的钢带和屏蔽均应采取两端接地的方式。单芯电缆接地方式按设计要求执行。

（3）零序TA的安装应注意以下要点：

1）零序TA应放置在柜体专用的槽内，并放置平整，安装牢固。零序TA安装时应考虑极性要求，原则上应P1面朝上，P2面向下。零序TA极性要求如图1－116所示。

图1－116　零序TA极性要求

2）当电缆穿过零序TA时，其金属护层和接地线应对地绝缘且不得穿过互感器接地；当金属护层接地线未随电缆芯线穿过互感器时，接地线应直接接地，当金属护层接地线随电缆芯线穿过互感器时，接地线应穿回互感器后接地。零序 TA 安装接地如图 1－117 所示。

3）分体式零序 TA 安装后，二次联片螺丝应紧固，且磁路应闭合，闭合处应符合要求，接触完好，使互感器形成一个完整的闭合回路。分体式零序 TA 二次联片如图 1－118 所示。

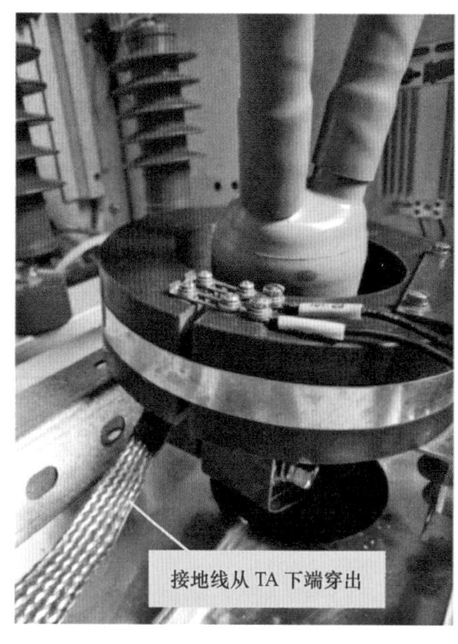

图 1－117　零序 TA 安装接地

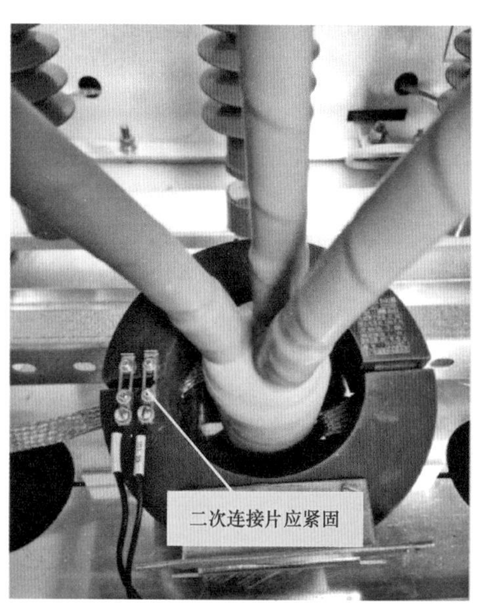

图 1－118　分体式零序 TA 二次联片

图 1－119　数据通信网关机屏

（4）开关站远动通信装置的安装应注意以下要点：

1）站内通过配置远动通信装置实现各保护测控一体化装置信息的汇总上送，实现配电主站对站内中低压电网设备的各种远方监测、控制。数据通信网关机屏如图 1－119 所示。

2）通信电缆应与强电电缆分开，并布置在导线槽内。柜内二次布线要求简洁、整齐美观、连接可靠、接触良好，导线金属裸露部分应全部插入接线端子内，不得有外露或压皮现象，各端子接线应有对应的编号。

（5）环网室及配电室 DTU 安装应注意以下要点：

1）DTU 配件组屏后，屏柜外壳应牢固接地于专用接地排。

2）通信电缆应与强电电缆分开，并布置在导线槽内。柜内二次布线要求简洁、整齐美观、连接可靠、接触良好，导线金属裸露部分应全部插入接线端子内，不得有外露或压皮现象，各端子接线应有对应的编号。DTU 安装布线效果图如图 1–120 所示。

(a) 航插接线效果

(b) 端子排接线效果

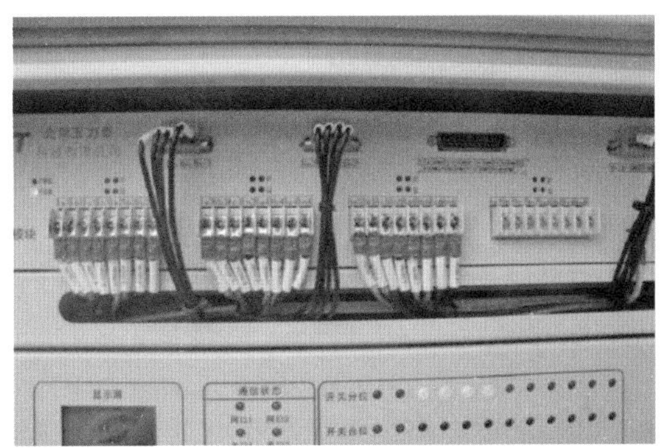

(c) 设备接线端子接线效果

图 1–120　DTU 安装布线效果图

（6）配电室 TTU 安装应注意以下要点：

1）TTU 应安装在预留的仪表舱室内，安装牢固、端正。

2）TTU 宜采用接入计量回路的方案，融合终端的三相四线电源与集中器并联从计量接线盒取电。

3）应充分考虑无线通信信号稳定性，融合终端的天线宜设置在柜外。

4）通信电缆应尽量与强电电缆分开，并布置在专用导线槽内。所有二次线路应接线简洁、布线美观、连接可靠、接触良好，导线金属裸露部分应全部插入接线端子内，不得有外露或压皮现象。TTU 安装效果图如图 1–121 所示。

图 1－121 TTU 安装效果图

9 附属设施工程

9.1 防火、防潮封堵

（1）位于室外地坪以下的电缆夹层、电缆沟和电缆室应采取防水、排水措施；位于室外地坪下的电缆进、出口和电缆保护管也应采取防水措施。

（2）设置在地下的配电室、开关站、环网室的顶部位于室外地面或绿化土层下方时，应避免顶部滞水，并应采取避免积水、渗漏的措施。

（3）电缆通过电缆沟进入配电室、开关站、环网室建筑内部时，应采用防火墙进行隔断。防火墙安装效果图如图 1－122 所示。

（4）电缆穿过防火墙的孔洞封堵应密实可靠，不应有明显的裂缝和可见的孔隙，封堵面形状规则，表面平整。有机防火堵料封堵不应有透光、漏风、龟裂、脱落、硬化现象；无机防火堵料封堵不应有粉化、开裂等缺陷。电缆孔封堵效果图如图 1－123 所示。

图 1－122 防火墙安装效果图

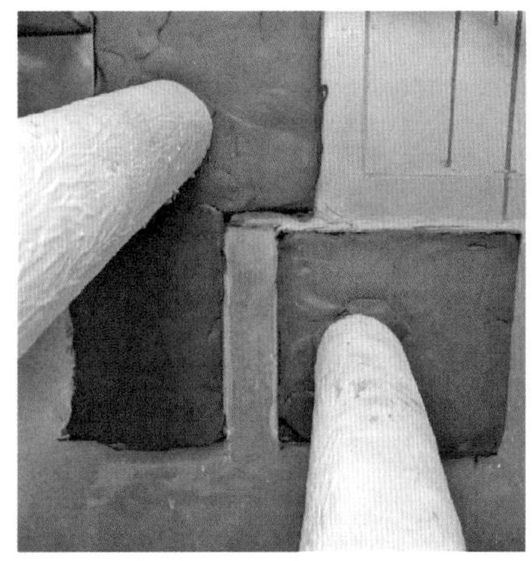
图 1－123 电缆孔封堵效果图

（5）当电缆束贯穿轻质防火分隔墙体时，其贯穿孔不宜采用无机堵料防火灰泥封堵。电缆预留孔洞和电缆保护管两端口应用有机堵料封堵严实，填料嵌入深度不小于 50mm，预留口封堵应平整。

（6）电缆进入所有高低压开关柜、控制屏等均应进行封堵。当贯穿孔直径不大于 150mm 时，应采用无机堵料防火灰泥、有机堵料如防火泥、防火密封胶、防火泡沫等封堵。当贯穿孔直径大于 150mm 时，应采用无机堵料防火灰泥，有机堵料如防火发泡砖、矿棉板或防火板并辅以膨胀型防火密封胶或防火泥等封堵。

（7）电缆周围的有机堵料厚度应不小于 20mm，封堵面覆盖整个孔洞面并向四周延伸不小于 30mm。用隔板与有机防火堵料配合封堵时，防火隔板厚度宜为 10mm，应使防火堵料高于隔板 20mm，封堵面形状规则。控制屏柜电缆封堵如图 1－124 所示。

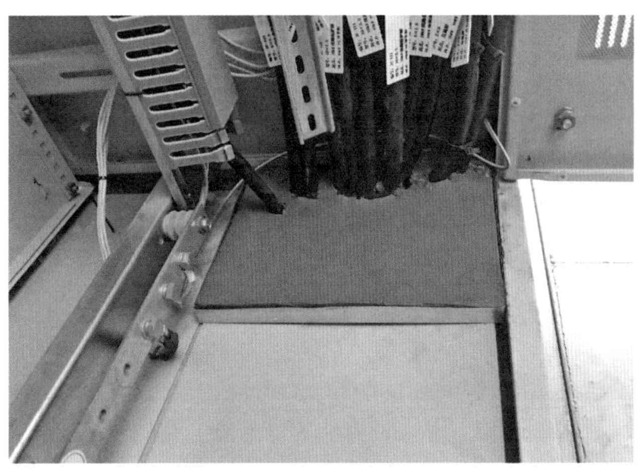
图 1－124 控制屏柜电缆封堵

（8）封堵完毕后，穿越墙，洞两侧 1000～1500mm 范围内的电缆进行防火涂料涂刷，厚度不小于 1mm。未采用阻燃电缆的，接头两侧及相邻电缆 1000～2000mm 长的区段应涂刷防火涂料或缠绕防火包带。电缆涂刷防火涂料效果图如图 1－125 所示。

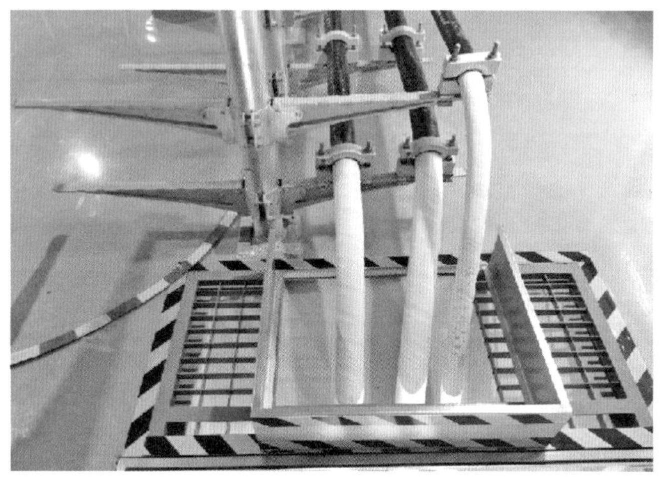

图 1－125　电缆涂刷防火涂料效果图

9.2　消防系统安装

按防火等级要求放置合格且在有效使用期内的干粉灭火器。灭火装置放置如图 1－126 所示。

图 1－126　灭火器放置图

9.3　视频监控系统安装

（1）系统建筑物内垂直干线应采取金属管、封闭式金属线槽等保护方式进行布线。与裸放的电力电缆的最小净距为 800mm；与放在有接地的金属槽或钢管中的电力电缆最小净距为 150mm。

（2）水平子系统应穿钢管埋于墙内，禁止与电力电缆穿在同一管内。

（3）吊顶内施工时，须穿于 PVC 管或蛇皮软管内；安装设备处须放过线盒，PVC 管或蛇皮软

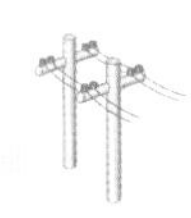

管进过线盒，线缆禁止暴露在外。

（4）弱电线路的电缆竖井应与强电线路的电缆竖井分别设置；如受条件限制必须合用同一竖井时，应分别布置在竖井的两侧。

（5）穿管绝缘导线或电缆的总截面积不应超过管内截面积的 40%。

（6）敷设于封闭线槽内的绝缘导线或电缆的总截面积不应大于线槽净截面积的 50%。

（7）缆线有可靠的屏蔽抗干扰功能，两端余度适当，标牌正确清晰，接线牢固、可靠。

（8）电子围栏下方应每隔 4～6m 安装“禁止攀登，高压危险”警示牌。

（9）监视器安装应先将预留的导线用剥线钳剥去绝缘外皮，露出线芯 10～15mm（注意不要撕掉线号套管），顺时针压接在底座的各级接线端上，然后将底座用配套的螺钉固定在预埋盒上。

（10）采用总线制并需进行编码的监视器，应在安装前对照厂家技术说明书的规定，按层或区域事先进行编码分类，然后再按照上述工艺要求安装。

（11）室内探头宜距地面 2.5～5m，室外探头宜距地面 3.5～10m。监视器安装效果图如图 1－127 所示。

图 1－127　监视器安装效果图

（12）器具的接地（接零）保护措施和其他安全要求必须符合施工规范规定。

（13）摄像机镜头监视范围内不准有障碍物，云台摄像机镜头的摆动不准有阻挡，要保证摄像机镜头的高清晰度。

（14）云台要求能使摄像机做上、下、左、右、旋转等运动。

（15）画面分割器要求具有顺序切换、画中画、画面输出显示、回放影像、时间、日期、标题显示等功能。监控终端调试如图 1－128 所示。

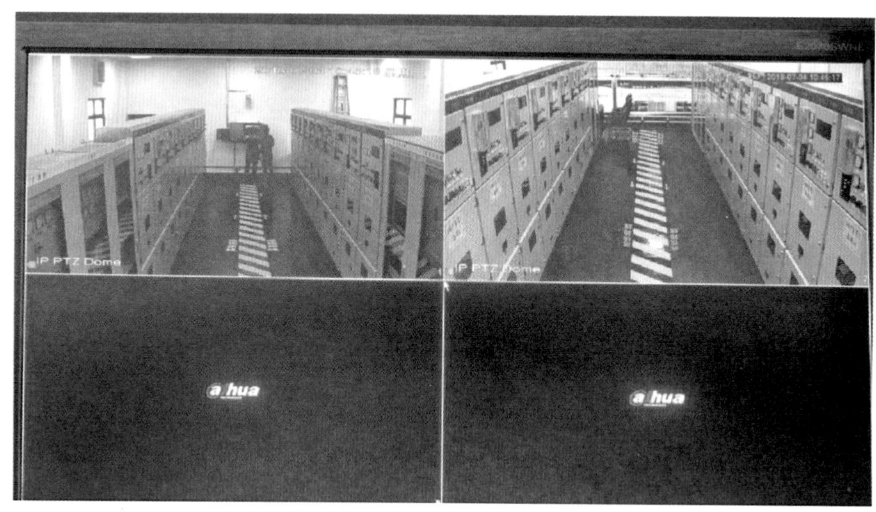

图 1－128 监控终端调试

9.4 通风系统安装

（1）系统建筑物内垂直干线应采取金属管、封闭式金属线槽等保护方式进行布线。与裸放的电力电缆的最小净距为 800mm；与放在有接地的金属槽或钢管中的电力电缆最小净距为 150mm。封闭金属线槽安装效果图如图 1－129 所示。

图 1－129 封闭金属线槽安装效果图

（2）预先在墙面开孔，开孔位置根据设计确定。固定排风扇时选用膨胀螺栓固定，

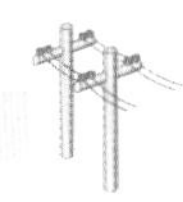

四周缝隙用泡沫胶密封。

（3）排风口应避免直接吹到行人或附近建筑，直接朝向人行道的排风口出风速度不宜超过 3m/s。风机应固定牢靠，风机罩应与墙面连接严密、平整。通风系统安装效果图如图 1－130 所示。通风口应采取可靠的措施防雨水进入，应加设能防止小动物进入的金属网格，网孔净尺寸不应大于 10mm×10mm。

图 1－130　通风系统安装效果图

（4）通风系统应与消防报警系统联动，发生火灾时能自动关闭。通风系统应具备就地控制和远程控制功能。

（5）应对通风设施的噪声进行控制，采取必要的减振隔声措施。风机噪声对周围环境的影响应符合 GB 3096—2008《声环境质量标准》的规定和要求。

（6）排风温度不应高于 40℃，进、排风温差不宜大于 15℃。由温度监测器发出的信号能启动风机。

（7）应对进、排风井间距进行合理布置，确保室内空气有效流动；采用机械通风方式时，室内断面风速宜不超过 5m/s。

9.5　环境监测系统安装

（1）系统建筑物内垂直干线应采取金属管、封闭式金属线槽等保护方式进行布线。与裸放的电力电缆的最小净距为 800mm；与放在有接地的金属槽或钢管中的电力电缆最小净距为150mm。温湿度控制器安装效果图如图1－131所示。

图1－131 温湿度控制器安装效果图

（2）水平子系统应穿钢管埋于墙内。

（3）检测比空气重的可燃气体或有毒气体时，探测器的安装高度宜距地坪（或楼地板）0.3～0.6m；检测比空气轻的可燃气体或有毒气体时，探测器的安装高度宜在释放源上方2.0m内。检测比空气略重的可燃气体或有毒气体时，探测器的安装高度宜在释放源下方 0.5～1m；检测比空气略轻的可燃气体或有毒气体时，探测器的安装高度宜高出释放源0.5～1m。

（4）传输电缆推荐采用RVVP2×1.5mm^2，电源选用DC24V。

（5）通过数据传输线将有害气体传感器、温湿度传感器连接到监控主机的开关量端子上，再通过网线连接监控器主机的THERNET口和网络交换机。后台软件会显示传感器的状态，当有异常产生时，软件应自动发出告警。

9.6 门禁系统安装

（1）在设备进场前，施工单位或建设单位应委托鉴定单位对其响应速度、防撬功能等进行检测，并出具检测报告。

（2）安装前应确保型号、外形尺寸与图纸相符，塑料外壳表面应无裂痕、褪色及永久性污渍，亦无明显变形和划痕。

（3）门禁控制器：主要技术指标及其功能应符合设计和使用要求，并有产品合格证，零部件应紧固、无松动。门禁控制系统外观如图1－132所示。

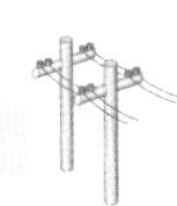

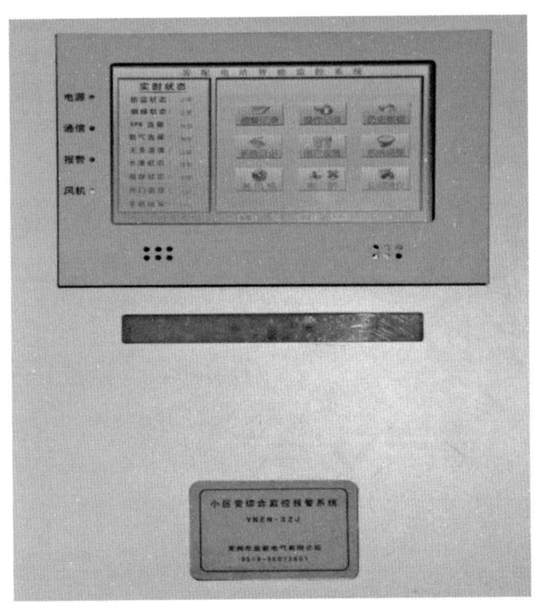

图 1－132　门禁控制系统外观

（4）读卡器（生物识别器）：能读取卡片中数据（生物特征信息），零部件应紧固、无松动。

（5）进出按钮：按下能打开门，适用于对出门无限制的情况。

（6）电源：能供给整个系统各个设备的电源，分为普通电源和后备式电源（带蓄电池）两种。

（7）闭门器：开门后能自动使门恢复至关闭状态。

（8）电控锁：电控锁的主要技术及其功能应符合设计和使用要求，并有产品合格证。

（9）智能门禁卡：通过卡片能够开启大门。门禁卡安装效果图如图 1－133 所示。

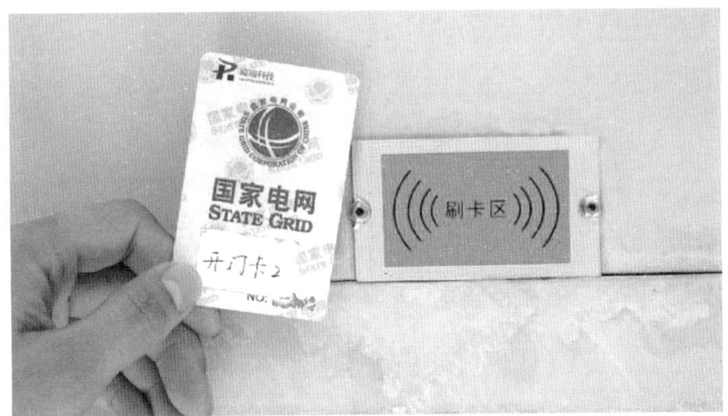

图 1－133　门禁卡安装效果图

（10）绝缘导线：门禁系统的传输线路应采用铜芯绝缘导线，其电压等级不应低于交流250V，并有产品合格证。选择门禁系统传输线路的线芯截面时，除满足自动报警装置技术条件的要求外，还应满足机械强度的要求。

（11）门禁系统应具备消防联动及防掉电功能。火灾报警情况下，具备手动和自动断电解锁功能，确保消防报警时，人员的安全；当供电系统发生故障时，将由蓄电池提供电源，并确保系统断电后4h内正常开门。

10　标识安装

10.1　电气设备标识安装

（1）开关柜门外侧应标出主回路的线路图一次接线图（见图1－134），注明操作程序和注意事项，各类指示标识应显示正常。

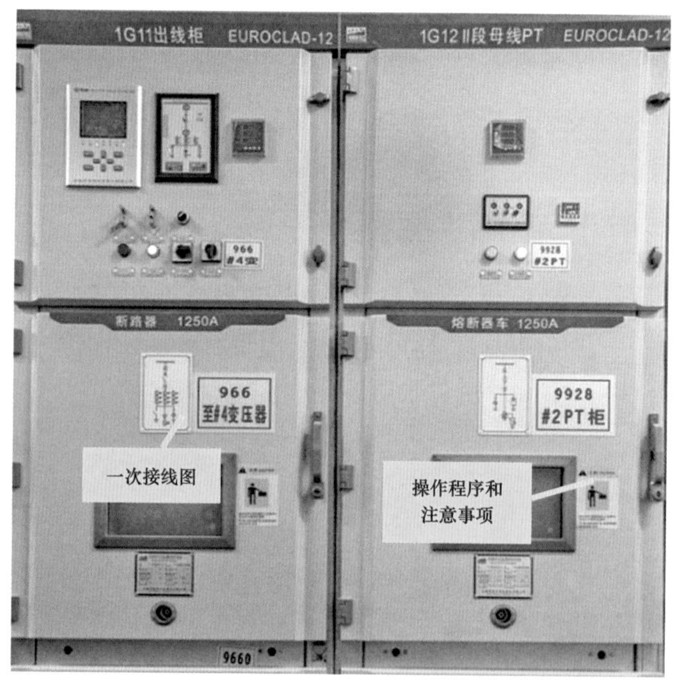

图1－134　一次接线图

（2）变压器设备标识、相色标识、回路名称标识要清晰、不易脱色（见图1－135和

图 1－136）。

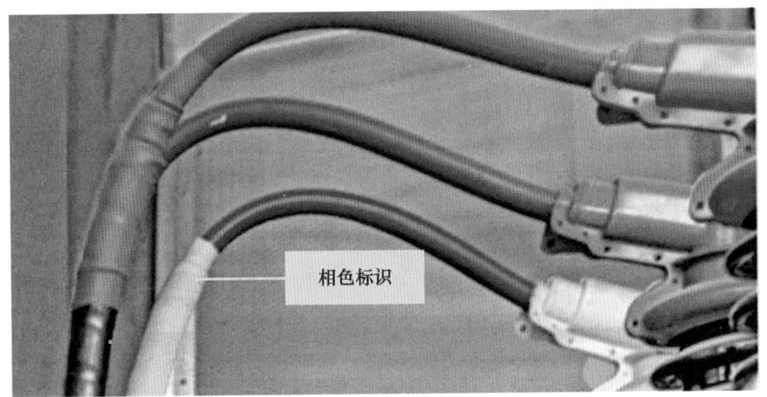

图 1－135　设备相色标识

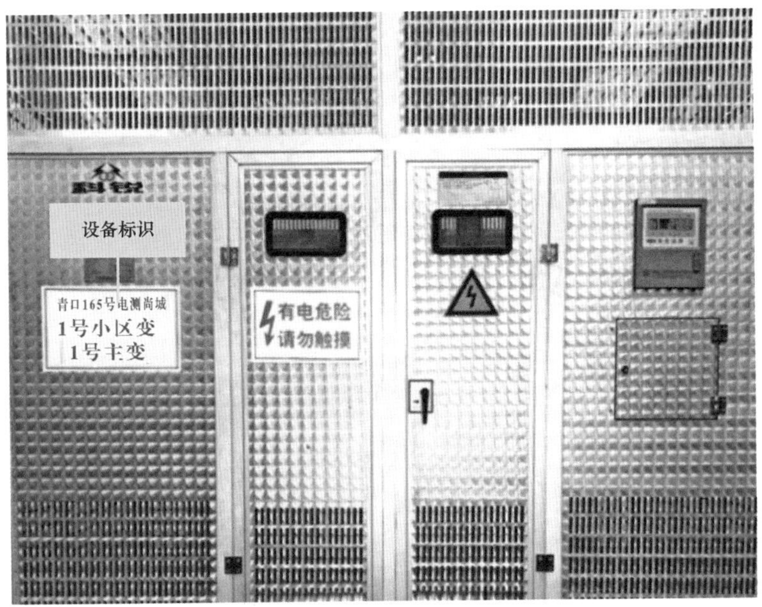

图 1－136　设备铭牌标识

（3）开关柜进出线柜体外侧、接地箱等部位应粘贴相应的标识牌。

10.2　电缆标识安装

（1）所有一、二次电缆及光纤的终端、接头、分支处等部位均应装设标识牌。

（2）开关柜出线电缆标识牌应包含名称、电压等级、起止点、型号、长度、施工信息等。出线电缆标识牌如图 1－137 所示。电缆沟内的电缆标识牌内容应与出线电缆标识牌保持一致，具体安装工艺参考《配电标准工艺图册——电缆分册》。电缆沟内电缆标识牌如图 1－138 所示。

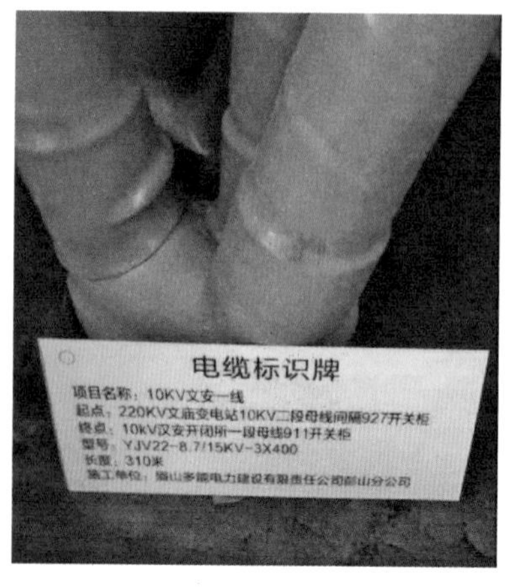

图 1－137　出线电缆标识牌

图 1－138　电缆沟内电缆标识牌

10.3　接地标识安装

（1）室内明敷的接地扁钢均应涂刷黄绿相间条纹，条纹宽度在 200mm 之间。接地安装效果图如图 1－139 所示。

图 1－139　接地安装效果图

（2）在接地线引向建筑物的入口及检修用临时接地点处均应刷白色底漆并标以黑色标识。接地标识如图 1－140 所示。

图 1－140　接地标识

10.4　警示标识安装

（1）警示牌设置的高度尽量与人眼的视线高度相一致，悬挂式和柱式的环境信息警示牌的下缘距地面的高度不宜小于 2m，局部信息警示的设置高度应视具体情况确定。

（2）配电室、开关站、环网室入口，应在醒目位置按配置规范设置相应的警示牌。如“禁止吸烟”“严禁烟火”“禁止用水灭火”“未经许可 不得入内”“禁止堆放”“止步 高压危险”“当心触电”“当心有毒”“注意通风”“必须戴安全帽”等。警示牌安装效果图如图 1－141 所示。

图 1－141　警示牌安装效果图

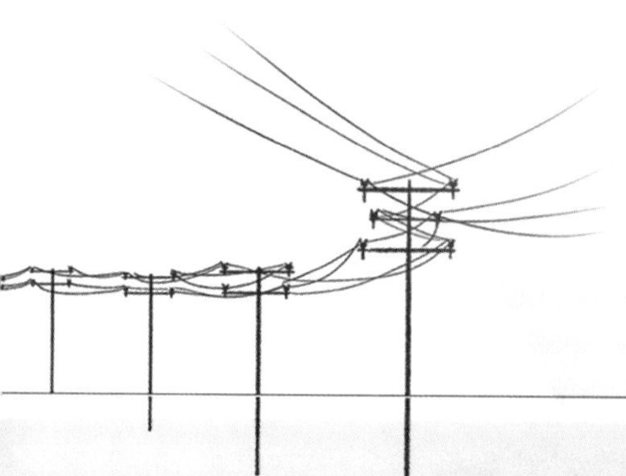

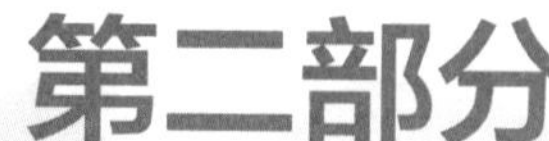

环网箱/预装式变电站

本部分主要介绍环网箱/预装式变电站的基坑施工、主体结构施工、防雷接地工程、装饰装修施工、电气设备安装、电气附属设施施工、标识安装的施工工艺及相关建设标准。

1 基 坑 施 工

1.1 基坑定位放线

高程引测→控制桩测设→平面位置定位。

（1）高程引测（见图2－1）。高程控制桩精度应符合三等水准的精度要求。

图2－1 高程引测

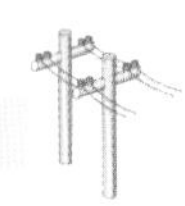

（2）控制桩测设（见图 2–2）。根据建（构）筑物的主轴线设控制桩，桩深度应超过冰冻土层，各建（构）筑物不应少于 4 个。

（3）平面位置定位（见图 2–3）。平面控制桩精度应符合二级导线的精度要求。

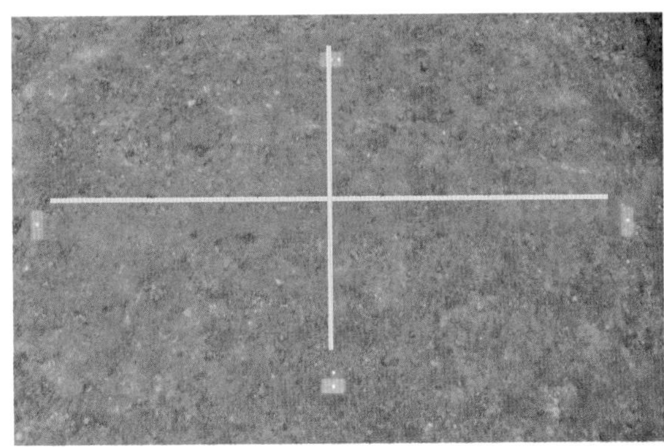

(a) 控制桩设置图

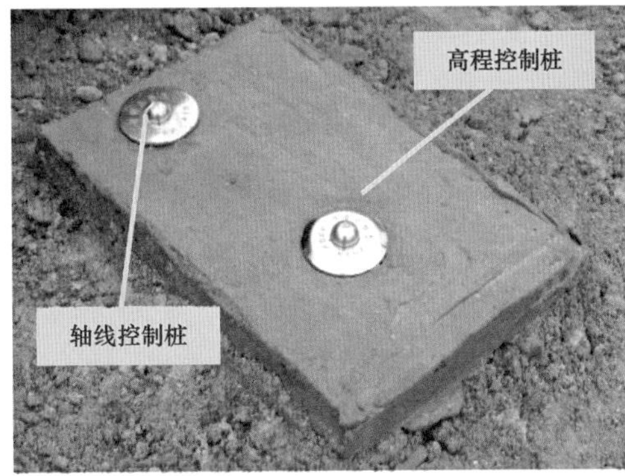

(b) 控制桩固定保护

图 2–2　控制桩测设及保护

图 2–3　平面位置定位

1.2　基坑开挖

确定坑（槽）开挖界限→分层开挖→修整槽边→清底。

（1）确定坑（槽）开挖界限（见图 2–4）。开挖基坑（槽）时，应合理确定开挖顺序、路线及开挖深度，遵循“开槽支撑、先撑后挖、分层开挖、严禁超挖”的原则，边坡、表面坡度应符合设计要求和现行国家及行业有关标准的规定。

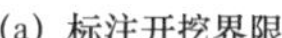

(a) 标注开挖界限

(b) 开挖界限效果图

图 2-4 确定开挖界限

图 2-5 分层开挖

（2）分层开挖（见图 2-5）。土方开挖宜从上到下分层分段依次进行，作成一定坡势，利于泄水。不得挖至设计标高以下，如不能准确地挖至设计基底标高时，可在设计标高以上暂留一层土不挖，以便在抄平后，由人工挖出，槽底应为无扰动的原状土。

暂留土层：一般铲运机、推土机挖土时，为200mm左右；挖土机用反铲、正铲和拉铲挖土时，为300mm左右为宜。

（3）修整槽边（见图 2-6）。坑（槽）开挖后，应对坑（槽）边进行修整，基坑、基槽长度和宽度的偏差应控制在 0～100mm。

图 2-6 修整槽边

（4）清底（见图 2－7）。基础垫层混凝土浇筑前，应先清除基坑内杂物，确保垫层下的地基稳定且已夯实、平整，基底表面平整度应控制在 20mm 以内。验槽合格后应立即进行基础垫层浇筑。

图 2－7　人工清底

1.3　基坑垫层施工

找标高、放线→模板安装→混凝土浇筑→混凝土养护。

（1）找标高、放线（见图 2－8）。根据水平标高控制线，向下量出垫层面标高，在钢筋桩上标出控制标高线；依据定位控制线将主控制轴线用经纬仪投至基坑，再放出垫层外边线。

（2）模板安装（见图 2－9）。模板安装必须稳固牢靠，接缝严密，不得漏浆。模板与混凝土的接触面必须清理干净并涂刷脱模剂。浇筑混凝土前，模板内的积水和杂物应清理干净。

图 2－8　找标高、放线

(a) 环网箱垫层模板安装图

(b) 预装式变电站垫层模板安装图

图 2-9　垫层模板安装图

图 2-10　垫层厚度检测

（3）混凝土浇筑。混凝土垫层宜采用不低于 C15 混凝土浇筑。混凝土垫层浇捣应密实、上表面平整，厚度应符合设计要求，一般不小于 150mm。垫层厚度检测如图 2-10 所示。

（4）混凝土养护（见图 2-11）。混凝土养护应由专人负责，做好成品的保护工作，防止污染和磕碰，养护时间不得少于 7 日，对掺用缓凝剂型外加剂或有抗渗要求的混凝土，养护时间不得少于 14 日。夏季应采用覆盖、洒水等保温措施；当室外日平均气温连续 5 日稳定低于 5℃时，应按冬期施工相关要求进行养护；当日最低温度低于 5℃时，可能已处在冬期施工期间，为了防止可能产生的冰冻情况而影响混凝土质量，不应采用洒水养护。冬期施工期间混凝土垫层浇筑完毕后应加强养护，采用覆盖、搭暖棚等保温保湿措施，禁止洒水。垫层浇筑效果图如图 2-12 所示。

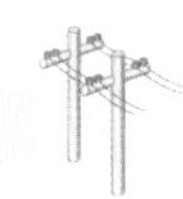

图 2-11　混凝土养护

图 2-12　垫层浇筑效果图

2 主体结构施工

2.1　基础钢筋施工

钢筋加工→底板钢筋安装→剪力墙钢筋安装→梁钢筋安装→顶板钢筋安装。

（1）钢筋加工。钢筋应平直、无损伤，表面不得有裂纹、油污、颗粒状或片状老锈。若钢筋存在锈蚀情况，可采用喷射或抛射除锈、手工和动力除锈、火焰除锈。施工前将钢筋加工下料表与设计图复核。钢筋表面除锈如图 2-13 所示。

（2）底板钢筋安装。

1）标准弹出的钢筋位置线（见图 2-14）。

图 2－13　钢筋表面除锈

图 2－14　标记钢筋位置线

2）结合施工图纸及相关规范要求进行钢筋安装、设置保护层垫块，底板下层钢筋与上层钢筋间采用钢筋马镫作为支撑。安装完毕后长、宽允许偏差±10mm，钢筋间距允许偏差±20mm。底板钢筋安装如图 2－15 所示。

（a）底板钢筋绑扎

（b）底板下层钢筋安装效果

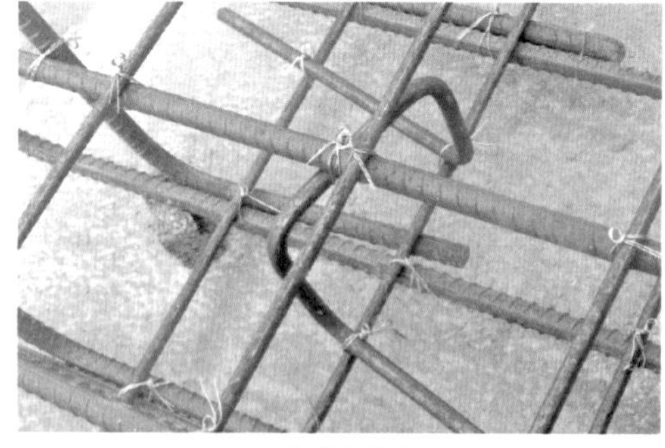

（c）底板钢筋支撑效果

（d）底板钢筋整体安装效果

图 2－15　底板钢筋安装

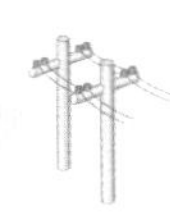

（3）剪力墙钢筋安装（见图 2－16）。根据弹出的钢筋位置线，结合施工图纸及相关要求进行钢筋安装。安装完毕后长、宽允许偏差±10mm，钢筋间距允许偏差±20mm。

(a) 钢筋绑扎

(b) 绑扎细节

图 2－16　剪力墙钢筋安装

（4）梁钢筋安装（见图 2－17）。根据弹出的钢筋位置线，结合施工图纸及相关要求进行钢筋安装、设置保护层垫块。绑扎钢筋骨架，长允许偏差±10mm，宽、高允许偏差±5mm；纵向受力钢筋，锚固长度允许偏差－20mm，间隔允许偏差±10mm，排距允许偏差±5mm；绑扎箍筋、横向钢筋间距允许偏差±20mm。

（5）顶板钢筋安装（见图 2－18）。根据弹出的钢筋位置线，结合施工图纸及相关要求进行钢筋安装、设置保护层垫块。长、宽允许偏差±10mm，钢筋间距允许偏差±20mm。

图 2－17　梁钢筋安装

图 2－18　顶板钢筋安装

主体结构钢筋安装应满足《混凝土结构施工图平面整体表示方法制图规则和构造详图》G101 系列图集要求。

2.2 基础模板安装

模板加工→模板安装。

（1）模板加工。

结合模板施工图设计配料单，结合配料单制作模板（半成品）。模板与混凝土接触面应清理干净并刷脱模剂，模板涂刷脱模剂如图 2－19 所示。

图 2－19 模板涂刷脱模剂

（2）模板安装。

1）模板安装过程严禁轴线位移，确保模板的水平度和垂直度，保证模板成几何尺寸。同时应支撑稳定，在浇筑过程中不跑模、不变形，若发现位移、鼓胀、下沉、漏浆等现象，应及时采取有效措施予以纠正处理。

2）基础模板安装宜采取一体成型的施工方法进行支护，以满足混凝土整体浇筑的要求，非一体成型的基础须使用止水钢板。止水钢板焊接及效果图如图 2－20 所示。

a. 在浇筑下层混凝土前，需预埋 300mm×3000mm 的止水钢板，起到阻止外部水渗入的作用，止水钢板焊接节点不能出现漏点，以防影响防水性能。

b. 止水钢板应设置在墙体中线上，两块钢板之间双面焊接，钢板搭接长度不小于 20mm，止水钢板的“开口”应朝迎水面。

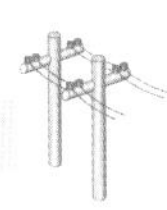

(a) 焊接过程

(b) 焊接效果图

图 2-20　止水钢板焊接及效果图

3）模板安装的允许误差：相邻两块模板之间拼接缝隙、模板表面高低差不大于 2mm，表面平整度不大于 5mm，基础截面尺寸±10mm，垂直度不大于 6mm。模板安装效果图如图 2-21 所示。

(a) 环网箱模板安装效果图

(b) 预装式变电站模板安装效果图

图 2-21　模板安装效果图

2.3 基础混凝土施工

清理杂物→模板湿润→混凝土浇筑与振捣→混凝土养护。

（1）清理杂物。浇筑前应将模板内的垃圾、泥土等杂物及钢筋上的油污清除干净，并检查钢筋的水泥砂浆垫块是否垫好。

（2）模板湿润。如使用木模板时应浇水使模板湿润。

（3）混凝土浇筑与振捣。

1）混凝土自吊斗口下落的自由倾落高度不得超过 2m，浇筑高度如超过 3m 时必须采取措施，可用串桶或溜管等。

2）浇筑混凝土时应分段分层连续进行，浇筑层高度应根据结构特点、钢筋疏密决定，一般为振捣器作用部分长度的 1.25 倍，最大不超过 500mm。

3）使用插入式振捣器应快插慢拔，插点要均匀排列，逐点移动，顺序进行，不得遗漏，做到均匀振实，移动间距不大于振捣作用半径的 1.5 倍（一般为 300～400mm），振捣上一层时应插入下层 50mm，以消除两层间的接缝；捣固时间宜控制在 20～30s，以混凝土表面呈水平并出现均匀的水泥浆和不再冒气泡为止，不显著下沉，即可停止振捣；表面振动器（平板振动器）的移动间距，应保证振动器的平板覆盖已振实部分的边缘。

4）浇筑混凝土应连续进行，混凝土墙体浇筑完毕之后，按标高线将墙上表面混凝土找平；使混凝土表面色泽一致，无明显修补痕迹；混凝土表面每平方米气泡面积不大于 $20cm^2$，气泡最大直径不大于 5mm，深度不大于 2mm，气泡应呈分散状态，表面应原浆压光。混凝土压光如图 2－22 所示。

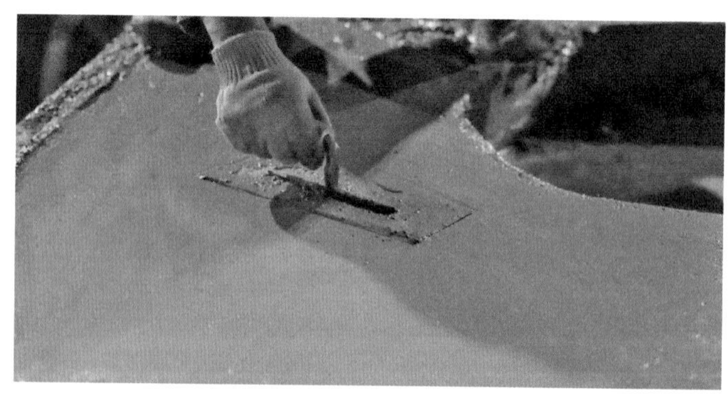

图 2－22 混凝土压光

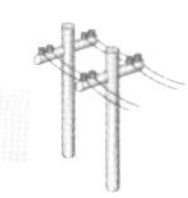

（4）混凝土养护（见图 2－23）。

图 2－23　基础混凝土养护

2.4　基础模板拆除

（1）模板拆除时应遵循“后支先拆，先支后拆，先拆非承重模板，后拆承重模板”的原则。环网箱和预装式变电站基础效果分别如图 2－24 和图 2－25 所示。

（2）模板拆除时应以同条件养护试件的试验结果为依据，梁板、底模板的拆除，应满足如下条件：

1）板不大于 2m，混凝土强度达到 50%；

2）板不小于 2m 且不大于 8m，混凝土强度达到 75%；

3）板不小于 8m，混凝土强度达到 100%；

4）悬臂，混凝土强度达到 100%。

图 2－24　环网箱基础效果图

图 2-25　预装式变电站基础效果图

2.5　预制基础施工

基坑施工→基础预制件安装。

（1）基坑施工。相关工艺标准参照 2.1 基础钢筋施工所述。

（2）预制基础安装。不同结构的预制基础，因预制件数量不一，拼接方式不同，以下安装工艺可供参考。

1）对照预制基础结构图，清点基础预制件数量，按组装先后顺序依次摆放各预制件。

2）安装前应先清理基坑垫层上杂物，并在垫层上均匀铺设水泥砂浆（见图 2-26）。

图 2-26　垫层水泥砂浆铺设

3）进行底板吊装，底板吊装到位后，应确保底板位于垫层中心位置，中心偏差范围在±5mm，水平偏差范围在±3mm。底板安装效果图如图 2－27 所示。

图 2－27　底板安装效果图

4）进行四面侧板吊装，侧板的承插接头应完全搭接于底板相应部位的接口槽内，相邻侧板使用钢板连接固定，拼接缝隙采用发泡胶填充后再使用密封胶密封均匀（见图 2－28）。侧板安装完毕后，其垂直度偏差应小于 1.5mm/m，水平度偏差范围在±3mm。主体结构侧板水平度检测如图 2－29 所示。

（a）侧板安装效果图

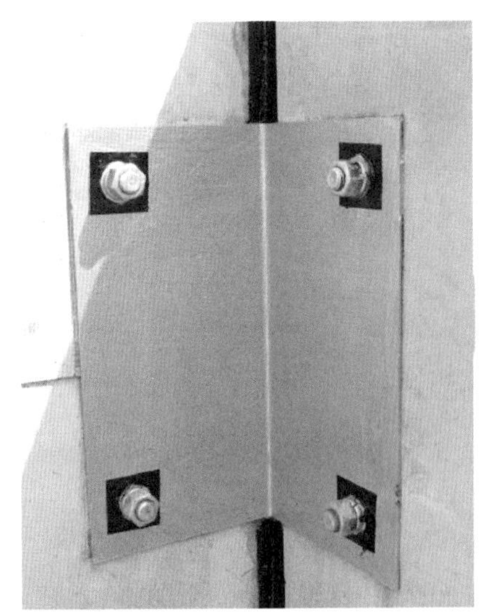

（b）侧板固定

图 2－28　主体结构侧板安装

图 2－29　主体结构侧板水平度检测

5）进行顶板（检修平台）吊装，顶板的承插接头应完全搭接于主体结构上端相应部位的接口槽内，拼接缝隙采用发泡胶填充后再使用密封胶密封均匀，安装完毕后水平偏差范围在±3mm。预制基础安装效果图如图 2－30 所示。

（a）预制基础俯视图

（b）预制基础侧视图

图 2－30　预制基础安装效果图

2.6　基础防水施工

基层处理→涂刷基层处理剂→铺贴卷材。

（1）基层处理。基层表面坚实，无尘土、杂物，无起砂、开裂、空鼓等现象，且表面干燥、含水率不大于 8%。

（2）涂刷基层处理剂。将基层处理剂搅拌均匀，使用长把滚刷均匀涂刷于基层表面，常温 4h 后，开始铺贴卷材。基层处理剂涂刷效果图如图 2－31 所示。

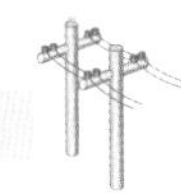

图 2-31　基层处理剂涂刷效果图

（3）铺贴卷材。卷材的材质、厚度和层数应符合设计要求，铺贴卷材应采用与卷材配套的黏接剂。多层铺设时接缝应错开，搭接部位应满粘牢固，卷材长边搭接长度不小于 100mm，短边搭接长度不小于 150mm。采用两层以上防水时，严禁垂直粘贴，末端收头用密封膏嵌填严密。防水卷材铺设效果图如图 2-32 所示。

图 2-32　防水卷材铺设效果图

2.7　基坑回填

基坑底地坪上清理→分层铺土→分层碾压密实→修整找平。

图 2-33　分层铺摊回填效果图

（1）基坑底地坪上清理。基坑回填前应将基土上的洞穴或基底表面上的树根、垃圾等杂物都处理完毕，清除干净。

（2）分层铺土。回填土宜应分层铺摊，每层铺土的厚度应根据土质、密实度要求和机具性能确定，并应满足设计要求。分层铺摊回填效果图如图 2-33 所示。

（3）分层碾压密实。如分层铺土碾压密实无试验依据，应符合如表 2-1 所示规定。基坑分层夯实图如图 2-34 所示。

表 2-1 填土施工时的铺土厚度及压实遍数

压实机具	每层铺土厚度（mm）	每层压实遍数（遍）
平碾	250～300	6～8
振动压实机	250～350	3～4
柴油打夯机	200～250	3～4
人工打夯	<200	3～4

图 2-34 基坑分层夯实图

（4）修整找平。填方全部完成后，表面应进行拉线找平，凡超过设计高程的地方，应及时依线铲平；凡低于设计高程的地方，应补土找平夯实。

3 防雷接地工程

开挖接地沟→接地网敷设→接地网焊接→焊接部位防腐→接地电阻测试。

（1）开挖接地沟。接地沟开挖深度应符合设计规定，当设计无规定时，不应小于 800mm。

（2）接地网敷设。

1）按设计方案选型要求，采用垂直和水平接地的混合接地网。垂直接地体顶端与水平接地体埋深距地面不应小于 800mm，若接地网埋深在冻土层以下，垂直接地体应从冻

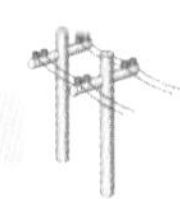

土层以下垂直打入地中，在不能确定冻土层深度时，接地网埋深至少应在地下 800mm 处。接地网敷设效果图如图 2－35 所示。

图 2－35　接地网敷设效果图

2）垂直接地体采用∠50mm×5mm 镀锌角钢制成，长度为 2.5m，垂直接地体间距不宜小于其长度的 2 倍。水平接地采用－50mm×5mm 镀锌扁钢。

（3）接地网焊接。接地体的连接宜采用焊接，焊接必须牢固、无虚焊。搭接长度应满足：扁钢搭接为其宽度的 2 倍，三面施焊。水平接地体间水平交叉连接时应采用相同规格扁钢进行过渡焊接，以满足搭接长度要求，交叉水平接地体焊接如图 2－36 所示。

图 2－36　交叉水平接地体焊接

（4）焊接部位防腐（见图2－37）。接地网焊接位置两侧100mm范围内及锌层破损处应防腐。

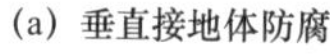

(a) 垂直接地体防腐

(b) 水平接地体防腐

图2－37　接地网焊接位置防腐

（5）接地电阻测试。接地网建成后应实测接地电阻，接地电阻应小于4Ω，经测试达不到要求的，则应补打接地体或延长接地连线或采用降阻剂，使接地电阻满足规程要求。

4 装饰装修施工

4.1 检修通道施工

检修爬梯安装→检修井盖安装。

（1）检修爬梯安装。爬梯可采用∠50mm×5mm镀锌角钢焊接制成，表面进行防锈、防腐处理，使用金属膨胀螺栓固定于基础内壁；或采用预制爬梯在基础浇筑时预

埋于基础内壁。各级爬梯间隔距离适宜，检修爬梯安装效果图如图 2－38 所示。

(a) 焊接式爬梯　　(b) 预制式爬梯

图 2－38　检修爬梯安装效果图

（2）检修井盖安装。将检修井盖支座平稳放置于基础井口位置，支座顶端与基础平面齐平。支座与基础缝隙采用混凝土砂浆填充，表面均匀抹平，待水泥砂浆凝固，支座安装牢固后，安装井盖。检修井盖安装效果图如图 2－39 所示。

图 2－39　检修井盖安装效果图

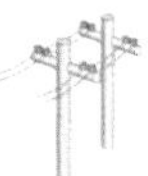

4.2 基础表面装饰

基层清理→刮平扫毛→面砖粘贴。

（1）基层清理。将墙面等基层上凸起、空鼓及疏松部位等剔除并找平，并将残留在基层表面上的灰尘、污垢、溅沫和砂浆流痕等杂物清扫干净。对于砖墙，应在抹灰前一天浇水湿润；加气混凝土砌块墙面，应提前两天浇水，每天两遍以上（基层的含水率应控制在 10%～15%）。

（2）刮平扫毛。采用 10～20mm 厚普通防水砂浆中层，刮平扫毛或划出纹道。

（3）面砖粘贴。面砖粘贴效果图如图 2－40 所示。

图 2－40　面砖粘贴效果图

1）基层为砖墙时应清理干净墙面上残存的砂浆、灰尘、油污等，并提前一天浇水湿润；基层为混凝土墙时应剔凿外胀混凝土，清洗油污，太光滑的墙面要凿毛或刷界面处理剂。

2）吊垂直、套方、找规矩。用全站仪在四大角（建筑物边角）、洞口边打垂直线；横向水平线以楼层为水平基线交圈控制，竖向线则以四大角为基线控制，宜采用整砖，阳角处要双面排直，灰饼（标识砖）间距 1600mm。

3）外墙面砖粘贴前应做淋水试验；排砖保证砖缝均匀；图纸设计阶段应考虑建筑物

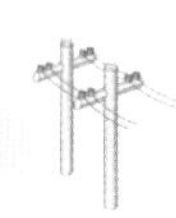

外立面尺寸、洞口等部位设计尺寸符合墙砖模数，并进行预排。施工前外墙面砖排列方式进行横竖向排砖、弹线；凡阳角部位应是整砖，并切45°角对称粘贴；外墙面砖的缝隙均匀一致，缝宽6～10mm，阳角套割吻合；垂直度≤3mm，平整度≤2mm，阴阳角方正≤2mm，接缝直线度≤3mm，接缝高低差≤1mm。

4）选砖、浸砖、镶贴前应先挑选颜色、规格一致的砖，然后浸泡2h以上，取出晾干备用。

5）外墙面砖应做黏结强度试验，墙砖破坏强度≥1300N。

6）镶贴时，在面砖背面满铺胶黏剂。粘贴后，用木锤轻轻敲击，使之与基层粘牢，随时用靠尺找平、找方。

7）整个工程完工后，应加强养护，再用清水冲洗干净。

4.3 通风窗装设

通风窗制作→通风窗安装。

（1）通风窗制作。通风窗宜采用2mm厚钢板冲压百叶窗，百叶窗的孔隙应不大于10mm，百叶窗外框采用∠25mm×25mm×4的角钢制成。

（2）通风窗安装。通风窗在安装时，应使用金属膨胀螺栓固定在基础通风孔处，安装完毕后应在通风窗里外两面喷涂防锈漆，以避免锈蚀损坏。通风窗效果图如图2-41所示。

(a) 通风窗远视图

(b) 通风窗细节图

图2-41 通风窗效果图

5　电气设备安装

5.1　设备吊装

基础复检→制定吊装措施→箱体吊装→箱体位置复核。

（1）基础复检。吊装前应复检预埋件及预留孔是否符合设计要求，预埋件安装牢固。基础型钢水平度应满足水平偏差要求，允许偏差±5mm。基础水平度测量图如图 2－42 所示。

(a) 预埋件高度检测

(b) 预埋件水平度检测

图 2－42　基础水平度测量图

（2）制定吊装措施。根据现场及周边情况制定相应的专项吊装方案，满足吊装要求。吊装作业应由专业起重人员作业，电气安装人员配合。安全、技术指挥人员，项目管理人员及监理人员现场监督。吊装过程中设专人指挥，指挥人员应站在能观察到整个作业范围及吊车司机和司索人员位置，便于对任何工作人员发出紧急信号，及时停止吊装作业。

（3）箱体吊装。

1）在吊装作业范围内，设置警戒线，放置警戒标识，并设专人看护。

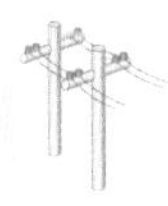

2）吊装绳索应固定在箱体专用的起吊桩上，必要时采取防脱落措施。吊带固定点如图 2－43 所示。

图 2－43　吊带固定点

3）吊装宜使用软质吊带进行吊装，若使用钢绳时，与箱体接触处应采取保护措施，避免箱体受损。

4）吊装过程应在箱体四周采用调整绳对箱体方位进行调整。位置调整图如图 2－44 所示。

图 2－44　位置调整图

（4）箱体位置复核。箱体吊装完毕后，应确保箱体边缘轮廓与基础槽钢中心线重叠，并对箱体与基础槽钢间隙及箱体垂直度进行检测，间隙应小于 2mm，垂直度偏差应小于 1.5mm/m。位置复核图如图 2－45 所示。

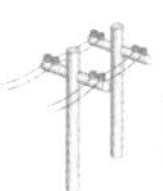

图 2-45 位置复核图

5.2 设备安装

箱体安装→附属设备安装。

（1）箱体安装。

1）箱体吊装到位后，应检查各舱门是否能平顺打开与关闭。

2）箱体与基础槽钢或经热镀锌处理的槽钢采用焊接时，宜采用点焊的形式在箱体四角进行焊接，确保箱体安装牢固，并在焊接点刷涂防腐材料，同时底漆和面漆各刷 2 遍。焊接点效果图如图 2-46 所示。

图 2-46 焊接点效果图

3）箱体外壳应有 2 处明显的可靠接地。接地点应采用带有防松、防盗装置的螺栓进行连接，连接均应紧固可靠，紧固件齐全。箱体接地效果图如图 2-47 所示。

图 2-47 箱体接地效果图

4）基础槽钢裸露部分应做防腐处理，刷涂防腐材料，同时底漆和面漆各刷 2 遍。槽钢防腐效果图如图 2-48 所示。

（2）附属设备安装。

1）电能计量表计及电能采集终端安装。

a. 安装于预留的仪表舱室内，安装牢靠、端正，量程符合设计要求。

图 2-48 槽钢防腐效果图

b. 电能计量表计及电能采集终端的连接线应简洁、整齐美观、连接可靠、接触良好，导线金属裸露部分应全部插入接线端子内，不得有外露或压皮现象。电能计量表计及电能采集终端安装效果图如图 2-49 所示。

2）配电自动化终端（DTU）安装。

a. DTU 组屏后应放置在预先预留的箱体舱室内，屏柜外壳应牢固接地于专用接地排。

b. 按图纸要求依次插入航空插头，安装物联网卡，进行调试。

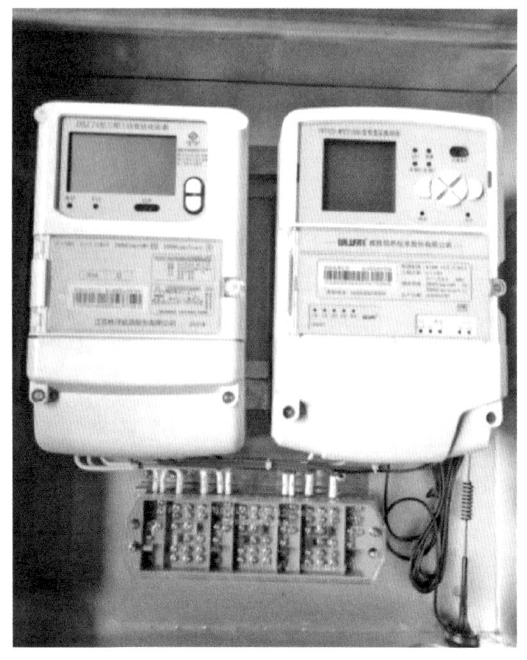

图 2-49　电能计量表计及电能采集终端安装效果图

c. 柜内二次布线要求简洁、整齐美观、连接可靠、接触良好，导线金属裸露部分应全部插入接线端子内，不得有外露或压皮现象，各端子接线应有对应的编号。DTU 安装布线效果图如图 2-50 所示。

3）智能融合终端（TTU）安装。

a. TTU 应安装在预留的仪表舱室内，安装牢固、端正。

b. TTU 宜采用接入计量回路的方案，融合终端的三相四线电源与集中器并联从计量接线盒取电。

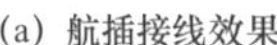
(a) 航插接线效果

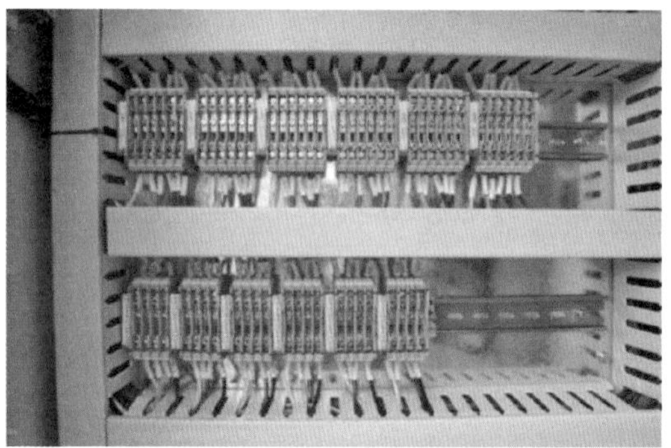

(b) 端子排接线效果

图 2-50　DTU 安装布线效果图（一）

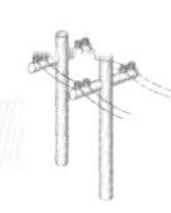

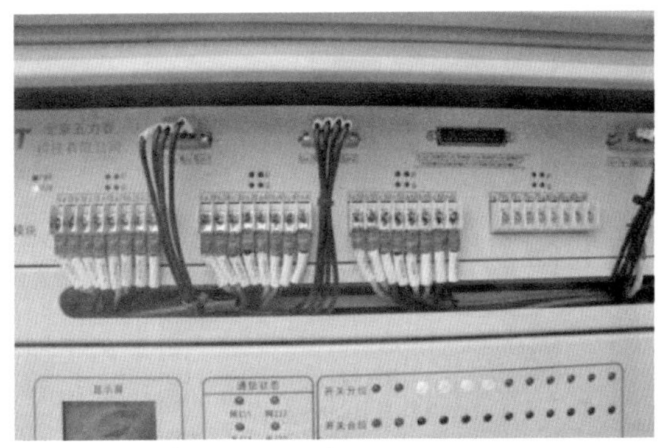

(c) 设备接线端子接线效果

图 2-50　DTU 安装布线效果图（二）

c. 应充分考虑无线通信信号稳定性，融合终端的天线宜设置在柜外。

d. 通信电缆应尽量与强电电缆分开，并布置在专用导线槽内。所有二次线路应接线简洁、布线美观、连接可靠、接触良好，导线金属裸露部分应全部插入接线端子内，不得有外露或压皮现象。

e. 安装接线完成后，用扎带绑扎整理接线。

f. 插入物联网卡，进行调试。TTU 安装效果图如图 2-51 所示。

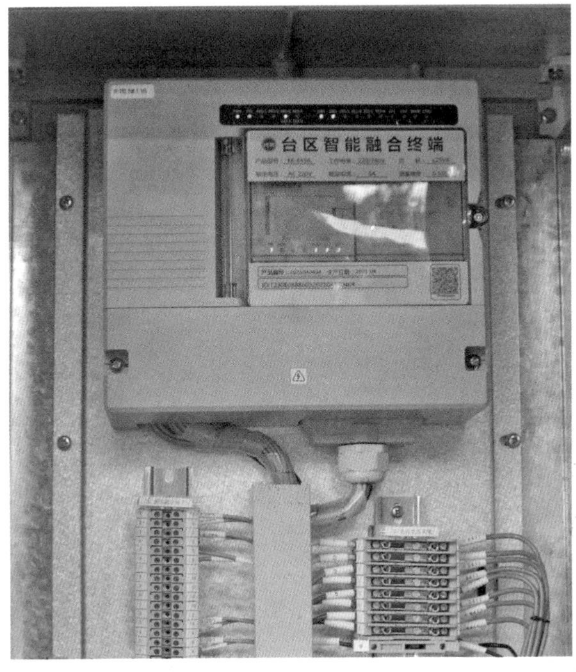

图 2-51　TTU 安装效果图

4）零序 TA 安装。

a. 零序 TA 应放置在柜体专用的槽盒内，并放置平整，安装牢固。如无专用槽盒，应平放于屏柜底部，并固定牢固。

b. 零序 TA 安装时应考虑极性要求，原则上应 P1 面朝上，P2 面向下。零序 TA 极性要求如图 2－52 所示。

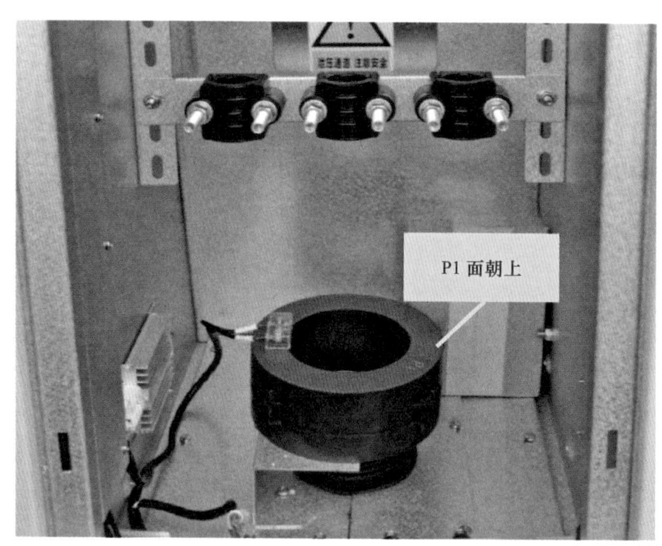

图 2－52　零序 TA 极性要求

c. 零序 TA 安装位置位于电缆接地引出点以下时，电缆接地软铜线应由上而下穿越零序 TA 后，再与断路器柜内专门设置的接地排紧密可靠连接。零序 TA 安装位置位于电缆接地引出点以上时，电缆接地软铜线应直接引出，并与断路器柜内专门设置的接地排紧密可靠连接。电缆接地引出线直接引出接地图如图 2－53 所示。

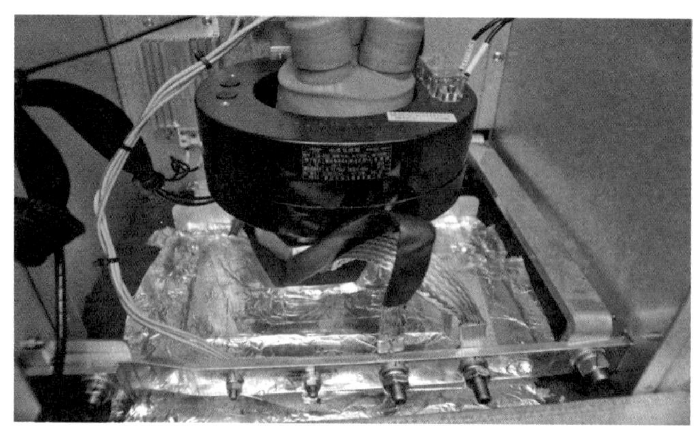

图 2－53　电缆接地引出线直接引出接地图

d. 零序 TA 采用分体式时，安装后二次联片螺钉应紧固，且磁路应闭合，闭合处应符合要求，接触完好，使 TA 形成一个完整的闭合回路。分体式零序 TA 安装图如图 2－54 所示。

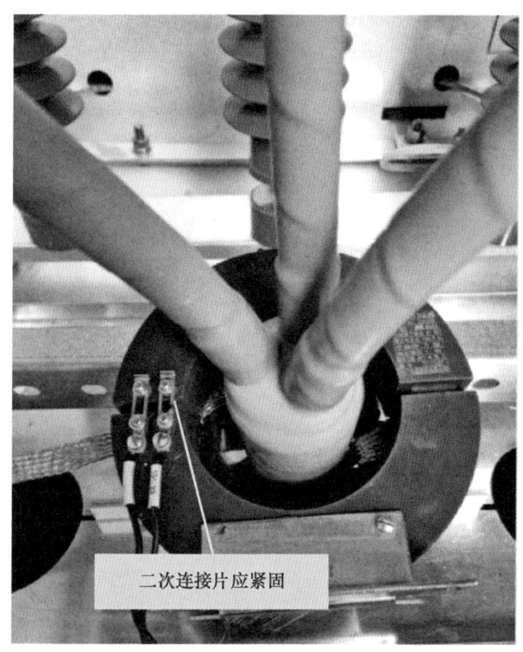

图 2－54　分体式零序 TA 安装图

5.3　电缆安装

电缆敷设→电缆终端制作→电缆附件安装→电缆接地系统接地。

（1）电缆敷设。

1）电缆敷设应采用人工牵引展放及机械牵引展放方式。

2）采用人工牵引时，应禁止多人暴力拖拽电缆，以免损伤电缆外护套层；采用机械牵引时，应注意不同牵引头的牵引强度，铜芯电缆牵引头允许牵引强度为 70N/mm^2，铝芯电缆为 40N/mm^2；采用钢丝网套牵引，铅护套电缆为 10N/mm^2，铝护套电缆为 40N/mm^2，塑料护套为 7N/mm^2。

3）机械牵引时，牵引速度应小于 15m/min，复杂路径敷设时应尽量放慢。

4）电缆敷设完成后，预留的电缆应退入箱体基础内，圈放整齐，水平放置，弯曲半径应满足电缆的最小弯曲半径要求。

5）进出柜体的电缆应用电缆卡箍固定牢固，电缆与电缆卡箍间应加软护垫，电缆卡箍位置应尽量靠下，三芯电缆固定点应设在三叉部位下端 50～100mm 位置。单芯电缆固定点应设在应力锥及接地线引出点以下 50～100mm 位置。电缆固定图如图 2－55 所示。

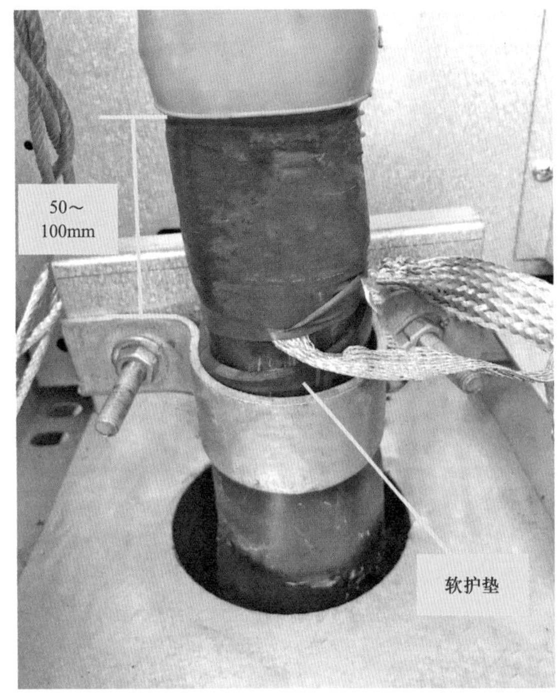

图 2－55 电缆固定图

6）电缆敷设详细工艺标准参照《配电网工程标准施工工艺图册 电缆分册》。

（2）电缆终端制作（见图 2－56）。

1）电缆终端应按规范制作，制作人员应经过专业培训取得相应证书，且技能熟练。

2）制作前应核对电缆相序或极性，并检查电缆绝缘良好，无受潮现象，附件规格与电缆一致，型号符合设计要求。

3）制作时制作人员应佩戴正确专用劳动防护用品，并应防止尘埃、杂物和潮气、水雾进入绝缘层内。在室外制作时，其空气相对湿度宜为 70%及以下。

4）电缆线芯连接金具，应采用符合标准的接线端子，其型号应与电缆线芯匹配，接线端子截面积应为电缆线芯截面积的 1.2～1.5 倍，采用压接方式确保连接紧密、良好、牢固。电缆接线端子压接图如图 2－57 所示。

图 2－56 电缆终端制作图

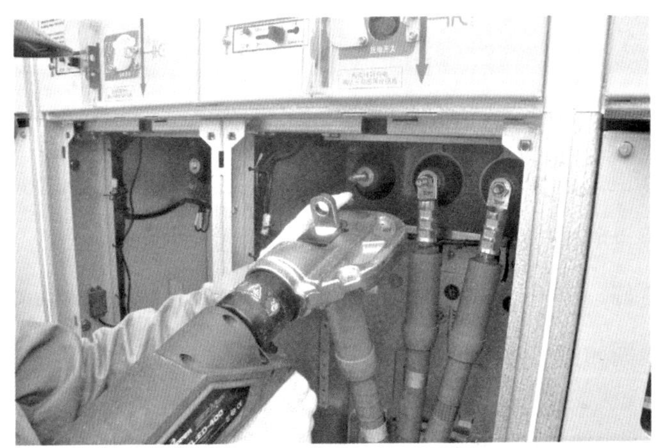

图 2－57 电缆接线端子压接图

5）接线端子压接后，应去除尖端毛刺，打磨光滑。电缆接线端子打磨图如图 2－58 所示。

6）电缆终端详细制作工艺标准参照《配电网工程标准施工工艺图册 电缆分册》。

（3）电缆附件安装。

1）搭接高压侧电缆时将电缆头缓慢插入 T 型电缆头内，电缆头完全插入后应确保无应力，再依次将固定螺杆插入拧紧，盖好后盖。三相连接完毕后，将 T 型电缆头的引出接地线及电缆引出接地线可靠、牢固接地。电缆接地点应尽量远离互感器接线端子侧，避免引起干扰。T 型电缆头安装图如图 2－59 所示。

图 2－58 电缆接线端子打磨图

图 2－59 T 型电缆头安装图

2）搭接低压侧电缆时，应先将低压电缆终端固定，再将电缆头接线端子用螺栓挂在设备接线端上，检查确保电缆头接线端子无应力后，再将电缆头接线端子用螺栓固定，确保连接紧密、良好、牢固。低压侧电缆套管相色应准确，且顺序与搭接端相色顺序一致。低压电缆搭接图如图 2－60 所示。

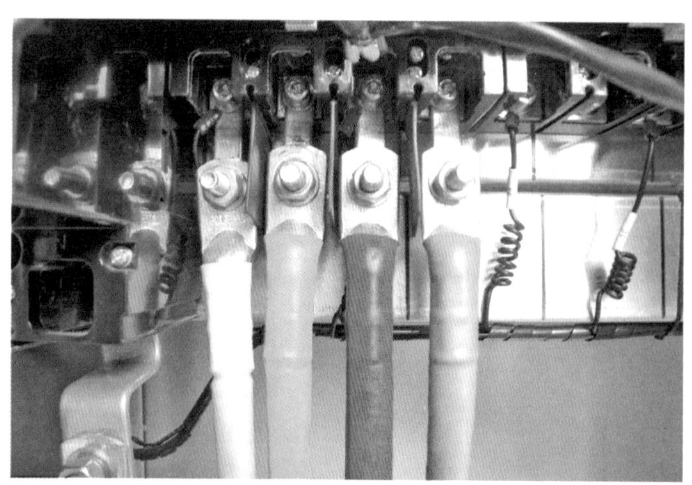

图 2－60 低压电缆搭接图

3）电缆附件安装详细工艺标准参照《配电网工程标准施工工艺图册 电缆分册》。

（4）电缆接地系统接地（见图 2－61）。电缆搭接完成后，应将电缆的引出接地线与专用的接地母排连接，确保连接紧密、牢固。

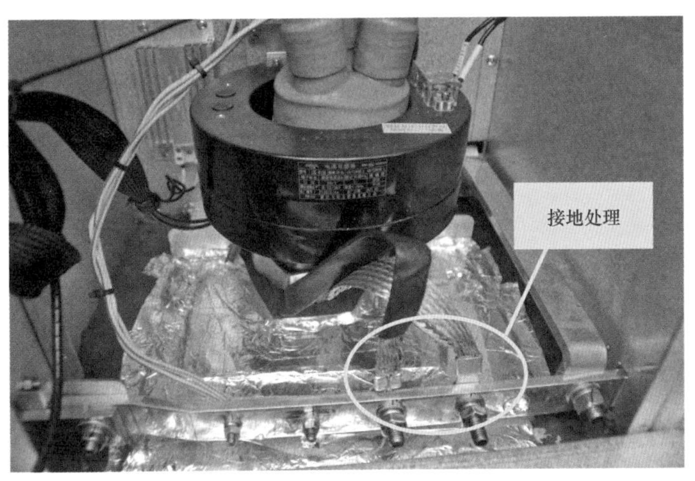

图 2－61 电缆接地系统接地

6 电气附属设施施工

6.1 防火封堵

封堵排查→柜内防火封堵→箱体基础内防火封堵→箱体基础外防火封堵→电缆防火涂层。

（1）封堵排查。防火封堵前应从内到外逐一排查是否存在小动物，排查完成后应采取临时措施，防止小动物再次进入。

（2）柜内防火封堵。

1）柜内防火封堵采用厚度不小于 10mm 的防火隔板做底板，根据电缆位置及屏柜大小切割防火隔板。

2）防火隔板放置平整，电缆与隔板的空隙采用有机堵料封堵，封堵厚度高出隔板平面 20mm，封堵平面呈规则几何图形，表面平整。封堵面应覆盖整个孔洞面，并向四周延伸不小于 30mm。

3）隔板与屏柜壁缝隙处采用有机堵料封堵，脚线平整美观。脚线厚度不小于 10mm，宽度不小于 20mm。柜内防火隔板封堵如图 2-62 所示。

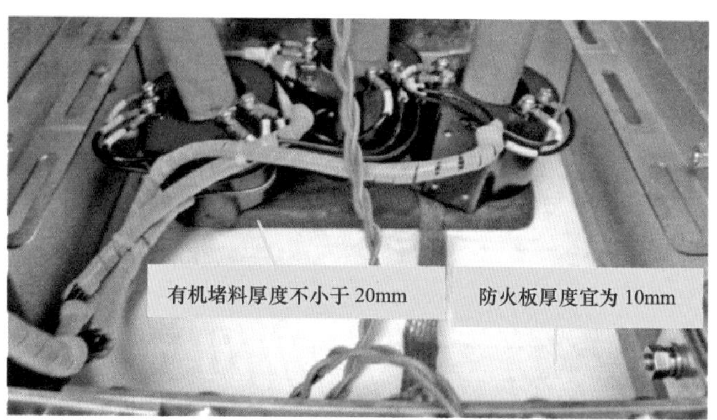

图 2-62 柜内防火隔板封堵

4）采用自流平工艺进行封堵的，使用机堵料封堵缝隙后，再依次铺贴锡箔纸，浇筑高分子复合防火防潮堵料。高分子复合防潮防火封堵如图 2-63 所示。

(a) 锡箔纸铺贴效果图

(b) 高分子复合堵料浇筑效果图

图 2-63 高分子复合防潮防火封堵

（3）箱体基础内防火封堵（见图 2-64）。箱体基础内电缆进出口处装填适量防火堵料包，并用有机堵料对基础内外壁进行封堵，封堵面高于基础壁平面 20mm，并向孔洞四周延伸 30mm，封堵面处理平整。

（4）箱体基础外防火封堵。

1）根据电缆沟的尺寸、电缆的位置及排水孔位置切割防火隔板，防火隔板的厚度应不小于 10mm，防火墙厚度应不小于 2500mm。防火墙制作如图 2-65 所示。

(a) 防火堵料包装填

(b) 有机堵料封堵

图 2-64　箱体基础内防火封堵图

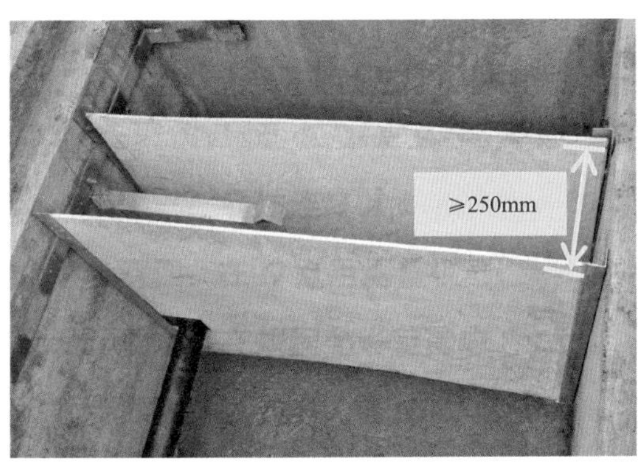

(a) 防火隔板设置

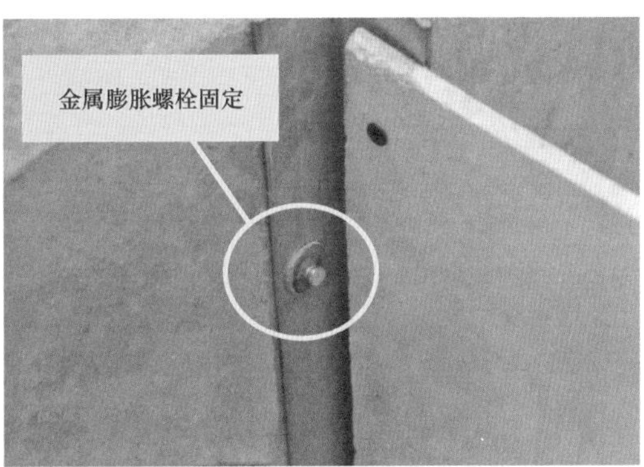

(b) 防火隔板安装细节

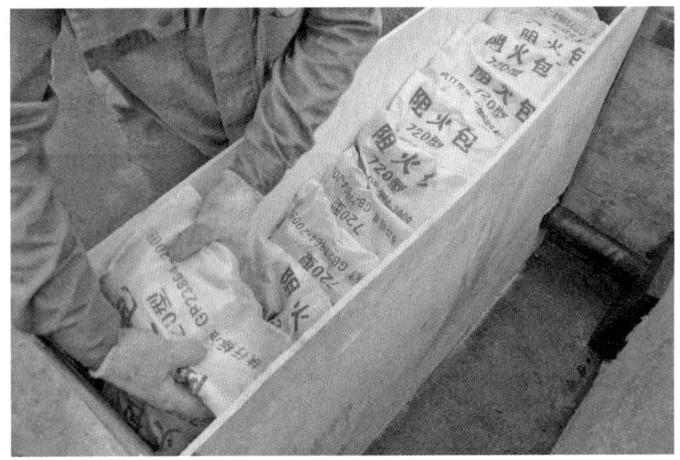

(c) 防火堵料包装填

图 2-65　防火墙制作（一）

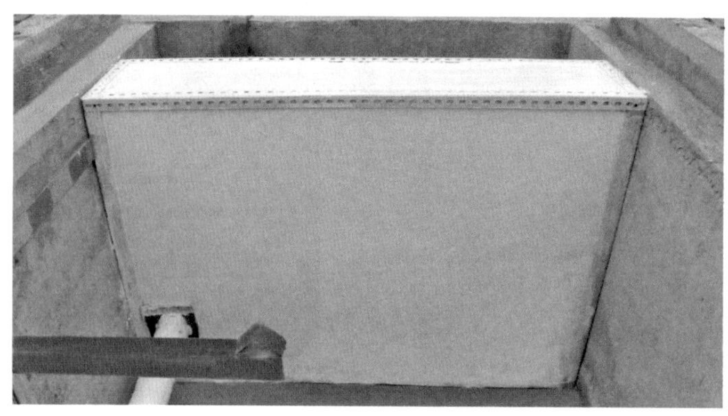

(d) 防火墙效果图

图 2-65 防火墙制作（二）

2）防火墙应设置距箱体基础 1000mm 范围内的电缆支架处，防火隔板构筑牢固，可采用适当的角钢制作卡槽，并用金属膨胀螺栓固定。

3）防火墙内电缆周围宜包裹一层有机堵料，再逐层从下至上交叉堆砌防火阻燃包，逐层平整压实，直至略高于隔板上边缘，并加盖尺寸适宜的防火隔板，顶部隔板使用铝合金材料包边，并采用铆钉固定牢固。

4）防火隔板与电缆空隙处采用有机堵料进行封堵，封堵厚度应高出隔板平面 20mm，封堵平面呈规则的几何图形，表面平整，封堵面应覆盖整个孔洞，并向四周延伸不小于 30mm。防火隔板与电缆沟壁缝隙处采用有机堵料进行封堵，脚线厚度不小于 10mm，宽度不小于 20mm。电缆与基础进出孔处缝隙处采用有机堵料进行封堵，封堵厚度应高出基础壁平面 20mm，并向孔洞四周延伸不小于 30mm。电缆沟内防火封堵如图 2-66 所示。

图 2-66 电缆沟内防火封堵

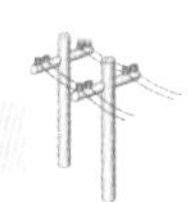

（5）电缆防火涂层。

1）选用符合要求的电缆防火涂料，对箱体基础内及防火墙两侧 1000～1500mm 范围内的电缆进行防火涂料涂刷（见图 2－67）。使用前搅拌均匀，并采取防止杂物进入及污秽的措施。

2）采用刷子对电缆依次进行涂刷，涂刷次数不少于 3 次，直至表面涂刷完整均匀，厚度不小于 1mm。

图 2－67　电缆防火涂刷图

6.2　围栏装设

（1）护栏安装位置与箱体基础距离应不小于 1000mm，且能满足箱体柜门打开角度不小于 90°。

（2）采用成套预制护栏时，护栏立柱应垂直固定于地坪，所有护栏整齐排列成一条线。成套围栏安装图如图 2－68 所示。

（3）采用金属管件焊接成护栏时，应先固定立柱再依次焊接横杆和竖杆，护栏焊接完毕后，焊缝处应做好防腐处理，再对金属护栏表面进行除锈，并依次涂刷底漆 2 次、面漆 2 次。金属围栏安装图如图 2－69 所示。

图 2-68　成套围栏安装图

图 2-69　金属围栏安装图

7　标识安装

7.1　电气设备标识安装

（1）各进线及出线柜均应在柜体表面张贴相应电气标识，标识内容及命名规则参照国家电网有限公司相关调度命名规范。箱体内设备标识图如图 2-70 所示。

图 2–70　箱体内设备标识图

（2）箱体表面应在适当位置设置设备名称标识，标识内容参照国家电网有限公司相关调度命名规范。箱体外设备标识图如图 2–71 所示。

图 2–71　箱体外设备标识图

（3）射频识别（radio frequency identification，RFID）标识牌应张贴在设备铭牌下方 30～50mm 处。RFID 标识图如图 2–72 所示。

图 2－72　RFID 标识图

7.2　电缆标识安装

（1）进出箱体内的高低压电力电缆均应在电缆终端处悬挂电缆走向标识，标识内容包括电缆型号、电缆起始点、电缆长度及投运日期。电缆铭牌如图 2－73 所示。

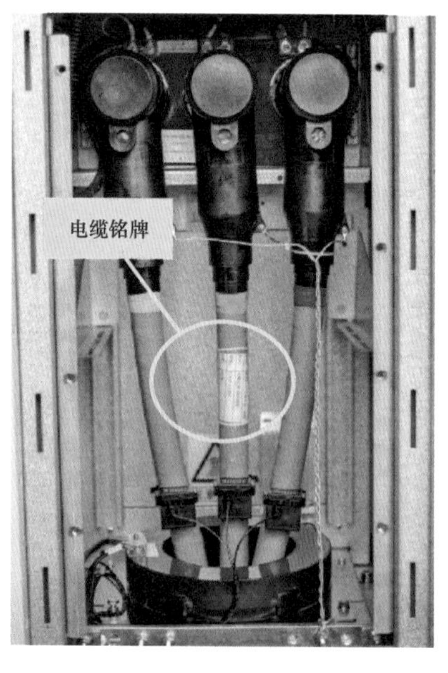

电缆铭牌

电缆名称：10kV 何南三线 44 号杆～10kV 何南三线 2 号环柜电缆段

所属馈线：10kV 何南三线	起点：10kV 何南三线 44 号杆
电缆规格：YJV22-3×300	终点：10kV 何南三线 2 号环网柜 1 号开关
电缆长度：370m	
终端制作人：高毅	制作日期：2021 年 8 月 19 日
运维班组：配电运维班	投运日期：2021 年 8 月 25 日

图 2－73　电缆铭牌

（2）低压电力电缆应有相色护套，能明显区分各相。低压电缆相色护套如图 2－74 所示。

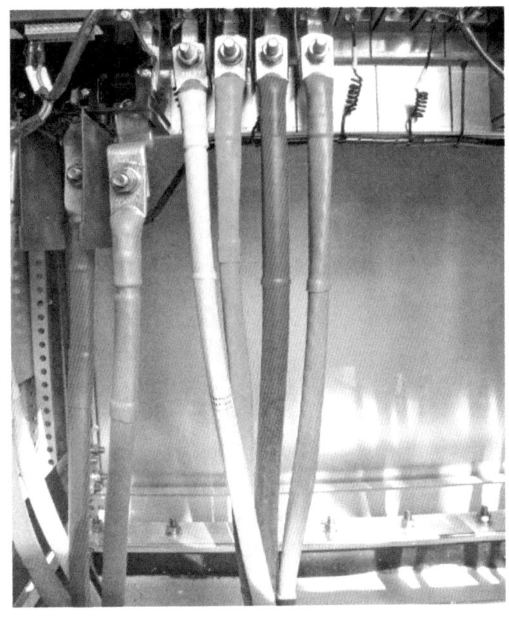

图 2－74　低压电缆相色护套

7.3　接地标识安装

（1）接地扁钢外露部分应做防腐处理，并用黄绿 2 色油漆喷涂黄绿相间条纹，间距保持在 100mm。接地扁钢标识图如图 2－75 所示。

（2）箱体内外接地点处应设置接地标识。接地端标识如图 2－76 所示。

图 2－75　接地扁钢标识图

图 2－76　接地端标识

7.4 警示标识安装

（1）箱体四周应在适当位置张贴“有电危险”“高压室”“低压室”等警示标识。箱体表面警示标识如图 2－77 所示。

(a) 箱体标识远视图

(b) 标识细节图

图 2－77 箱体表面警示标识

（2）箱体轮廓必要情况下张贴夜间警示反光条。

（3）箱体基础必要情况下涂刷防撞警示条。

（4）围栏四周设置金属材质警示标志，并牢固安装。标识内容包括“止步　高压危险”“未经许可禁止入内”“严禁烟火”等。围栏处警示标识如图 2－78 所示。

(a) 环网箱围栏警示标识

图 2－78 围栏处警示标识（一）

(b) 预装式变电站围栏警示标识

图 2-78　围栏处警示标识（二）

附录 引 用 标 准

（1）GB 50210—2018《建筑装饰装修工程质量验收标准》

（2）GB 50300—2013《建筑工程施工质量验收统一标准》

（3）GB 50026—2020《工程测量标准》

（4）GB 50007—2011《建筑地基基础设计规范》

（5）GB 50202—2018《建筑地基基础工程施工质量验收标准》

（6）JGJ 180—2009《建筑施工土石方工程安全技术规范》

（7）GB 50010—2010《混凝土结构设计规范（2015 年版）》

（8）GB 50164—2011《混凝土质量控制标准》

（9）GB 50204—2015《混凝土结构工程施工质量验收规范》

（10）GB/T 50107—2010《混凝土强度检验评定标准》

（11）JGJ 55—2011《普通混凝土配合比设计规程》

（12）JGJ 107—2016《钢筋机械连接技术规程》

（13）JGJ 18—2012《钢筋焊接及验收规程》

（14）GB 50009—2012《建筑结构荷载规范》

（15）GB 50242—2002《建筑给水排水及采暖工程施工质量验收规范》

（16）GB 50201—2012《土方与爆破工程施工及验收规范》

（17）GB 50169—2016《电气装置安装工程　接地装置施工及验收规范》

（18）GB 50345—2012《屋面工程技术规范》

（19）GB 50168—2018《电气装置安装工程　电缆线路施工及验收标准》

（20）GB 50171—2012《电气装置安装工程　盘、柜及二次回路接线施工及验收规范》

（21）GB 50254—2014《电气装置安装工程　低压电器施工及验收规范》

（22）GB 50147—2010《电气装置安装工程　高压电器施工及验收规范》

（23）GB 50149—2010《电气装置安装工程　母线装置施工及验收规范》

（24）GB 50148—2010《电气装置安装工程　电力变压器、油浸电抗器、互感器施

工及验收规范》

（25）Q/GDW 10370—2016《配电网技术导则》

（26）Q/GDW 1519—2014《配电网运维规程》

（27）GB 50172—2012《电气装置安装工程　蓄电池施工及验收规范》

（28）GB 50016—2014《建筑设计防火规范（2018 年版）》

（29）GB 50053—2013《20kV 及以下变电所设计规范》

（30）CECS 154—2003《建筑防火封堵应用技术规程》

（31）GB/T 50065—2011《交流电气装置的接地设计规范》

（32）GB 50370—2005《气体灭火系统设计规范》

（33）GB 16670—2006《柜式气体灭火装置》

（34）GB 50166—2019《火灾自动报警系统施工及验收标准》

（35）DL/T 5588—2021《电力系统视频监控系统设计规程》

（36）GB 50348—2018《安全防范工程技术标准》

（37）GB 3096—2008《声环境质量标准》

（38）GB/T 50493—2019《石油化工可燃气体和有毒气体检测报警设计标准》

（39）GB/T 17467—2020《高压/低压预装式变电站》

（40）GB 50303—2015《建筑电气工程施工质量验收规范》

（41）GB 50217—2018《电力工程电缆设计标准》

（42）GB 28374—2012《电缆防火涂料》